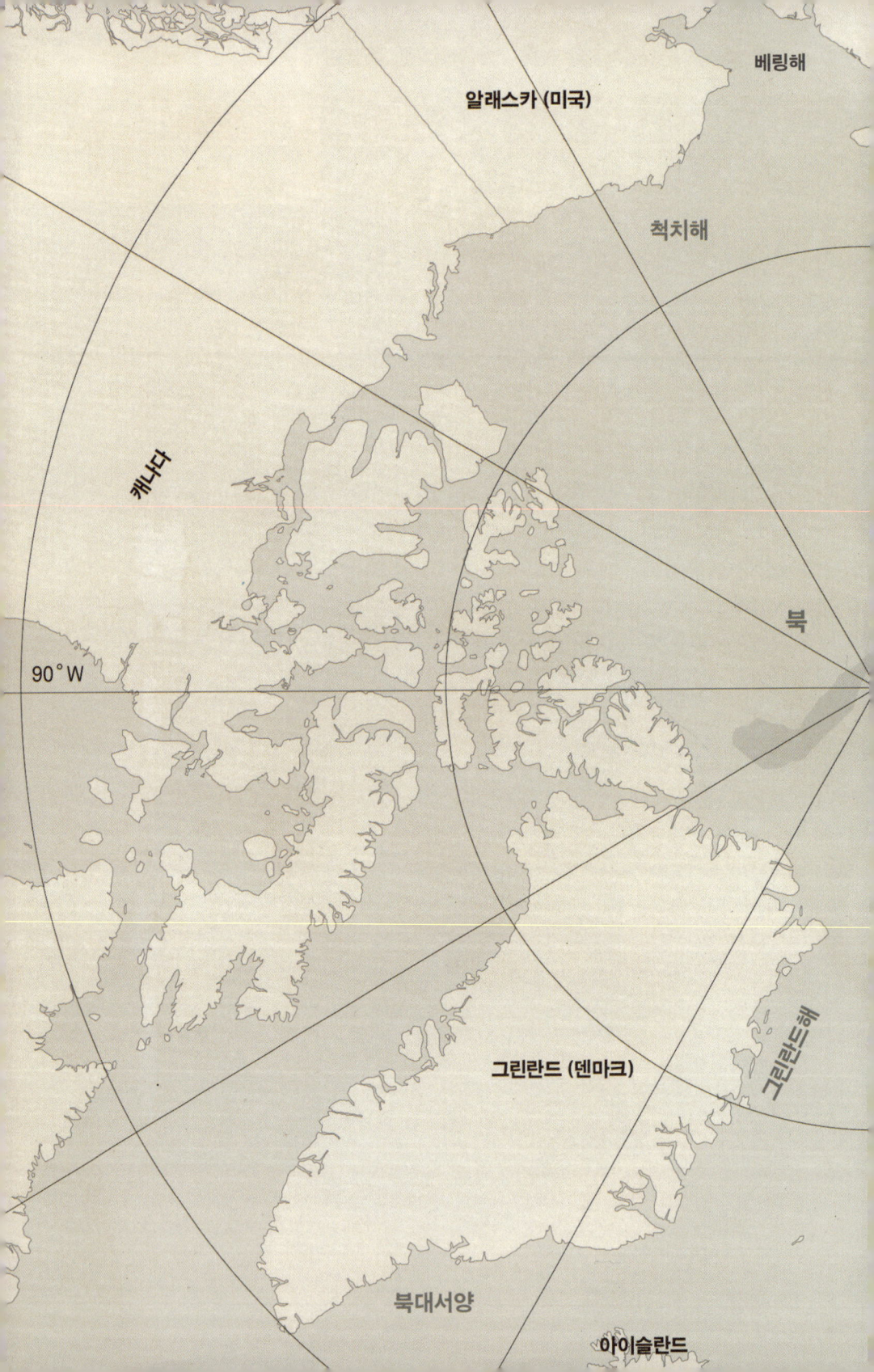

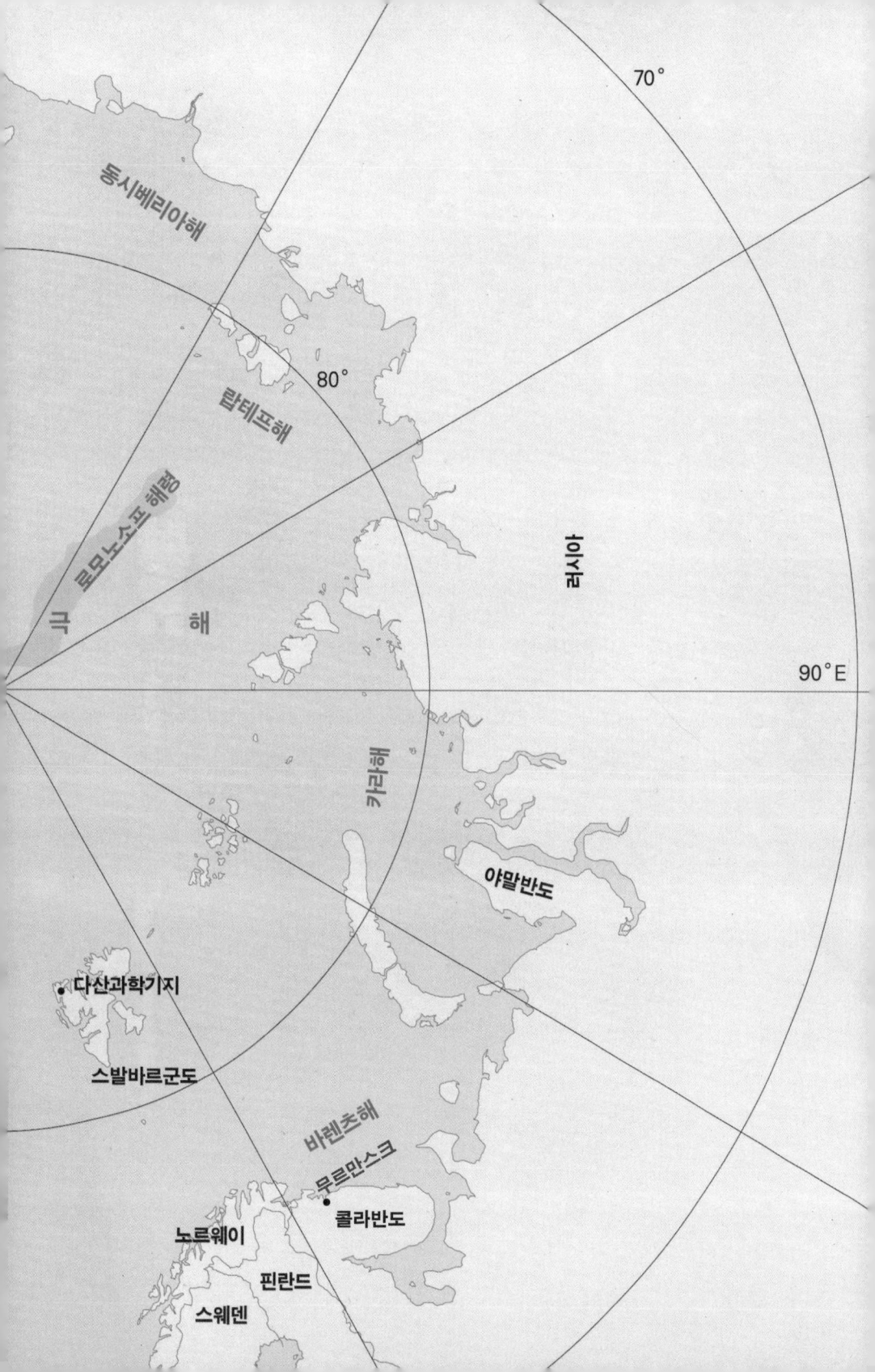

한 극지 과학자의 회상

한 극지 과학자의 회상

남극과
북극에
미래를 심다

김예동
지음

푸른나무

이 책을
돌아가신 아버님의 영전에 바칩니다.

서문
극지에서의 한평생을 회고하다

1983년 10월, 한 한국인 과학도가 남극행 미군 수송기에 몸을 실었다. 미국 루이지애나 주립대 대학원생이었던 그는 박사 논문 연구를 위해 남극 최대의 연구 기지인 미국의 맥머도 기지로 향하는 길이었다. 그를 태운 거대한 수송기는 기지 앞 3m 두께의 해빙 위에 착륙했다.

뉴질랜드 크라이스트처치에서 출발해 컴컴한 화물기 그물 위에서 6시간을 지낸 후 남극 바다얼음 위에 내리니 눈부신 신세계가 펼쳐졌다. 그의 눈에 들어온 건 광활한 하얀 얼음과 파란 하늘, 단 두 가지 색깔만 존재하는 단조롭지만 매우 아름답고 신비한 세계였다.

그때 그의 미국인 지도교수 맥기니스 박사는 그에게 "남극을 처음 본 인상이 어떠냐?"고 물었다. 그는 "매우 아름답습니다"라고 답했고, 이 말을 들은 교수는 그의 인생을 예언이라도 하듯, "너는 앞으로 평생 남극을 드나들게 될 거야"라며 미소 지었다.

그 노교수의 예언은 현실이 되었다. 그때 그는 두 번 다시 남극에 오지 못하리라 생각했지만, 그 이후 40여 년간 20차례 이상 남극을 드나들며 남극대륙의 진화와 기후변화를 연구해오고 있다.

1989년과 1996년 세종기지 월동대장으로 남극에서 2년을 보냈다. 남극의 여름인 11월에서 2월에는 매년 어김없이 남극에서 보냈다. 그렇게 해서 지금까지 100여 편 이상의 논문을 국내외 학술지에 발표했다. 돌이켜보면 당시 지도교수의 말은 예언이 아니라 한 젊은 과학자에게 던지는 축복이 아니었을까?

20세기부터 인간은 달을 정복하고 더 넘어 우주로 눈을 돌리고 있다. 그런데 정작 우리가 사는 지구에 대해 얼마나 알고 있을까? 수 킬로미터 깊이의 바닷속이나 남극의 내륙은 아직도 인간의 발자국이 거의 미치지 않는다. 햇볕이 전혀 닿지 않는 심해의 극단적 압력과 추위 속에 사는 생물들은 어떻게 생존할 수 있으며 어디서 에너지를 얻을까? 4,000m 남극 얼음 속에 사는 박테리아는 어떻게 생존할 수 있을까? 해수면을 60m나 끌어 올릴 수 있는 엄청난 양의 남극과 북극의 얼음은 언제부터, 어떻게 만들어졌을까? 우리는 이 끝없는 궁금증의 답을 아직도 찾고 있다.

현재 지구는 과거 수십만 년 동안에 걸쳐 일어난 기온 변화를 불과 한 세기 만에 겪고 있다. 지구 46억 년 역사상 현재와 같은 가공할 만한 기후의 대격변이 또 있었을까? 있었다면 언제 무슨 이유로 일어났을까? 과거 기후변화는 어떤 방식으로 진행되었을까? 현재 기후변화는 언제까지 계속될 것인가? 과거 기후변화 시기에 지구에 살았던 생물 종들은 어떻게 진화했을까? 지구가 겪고 있는 급격한 기후변화의 이 모든 답은 지구 역사의 냉동 타임캡슐인 남극대륙에 간직되어 있을지도 모른다.

남극이나 북극은 매우 춥고 바람이 강한 곳으로 인간이 살기에는 열악한 환경이다. 북극에는 주변 대륙에 원주민이 살지만, 남극에는 원주민 자체가 없다. 남극 내륙의 기온은 겨울철 영하 90도까지 떨어지며 6개월간 해도 뜨지 않는다. 그럼에도 40여 개 과학기지에는 약 1,000명 정도의 과학자들이 남아 혹독한 남극의 겨울을 보낸다. 이들은 왜 이렇게 어렵고 힘든 곳을 마다하지 않을까?

새로운 세계에 대한 끊임없는 탐험과 도전 덕분에 인류의 문명은 지속적으로 발전해왔다. 인류의 과학적 지식을 발전시키기 위한 과학자들의 노력은 깊은 바닷속, 혹한의 극지, 미지의 우주에서 계속되어왔으며 앞으로도 세대를 이어 계속되어야 한다.

아직도 미지의 세계인 극지는 도전과 개척 정신을 지닌 차세대 과학자들을 기다리고 있다. 실패에 대한 두려움보다 새로운 도전에 대한 기대로 충만한 우리나라 젊은이들을 기다리고 있다. 영국의 유명한 남극 탐험가인 어니스트 섀클턴 경은 다음과 같은 말을 남겼다. "미지의 세계에 다가가려는 탐험은 우리의 본성이다. 유일한 실패란 탐험에 전혀 도전하지 않는 것이다."

젊은이들이여, 항상 새로운 길을 찾아라. 남들이 다 가는 길보다는, 본인이 끌리는 남이 가지 않는 길을 택해보라. 그 길의 끝에 무엇이 있을지 두려움을 갖지 마라. 너만의 새로운 길을 찾아 열심히 가다 보면 성공은 저절로 너에게 다가올 것이다.

지금까지 살아온 여정을 돌아보고자 회고록을 쓰기 시작했다. 하지만 막상 탈고하고 보니 이 글은 내 인생보다는 우리나라 극지 연구의 역사에 초점이 맞춰진 듯하다. 결국 지금까지 내 삶은 우리나라 극지 활동의 역사와 궤적을 같이하지 않았나 생각한다. 지난 40년간 북극과 남극을 아우르는 우리나라 극지 활동의 눈부신 성장을 되돌아보면서, 이에 참여했던 한 사람으로서 백발이 성성한 노 과학자는 한없는 자부심과 보람을 느낀다.

2025년 5월 9일

서울 노석산방 老石山房에서

김예동

차례

서문 극지에서의 한평생을 회고하다 ... 6

1장 운명이 이끈 곳

학자의 유산 ... 15
성북천과 유안당의 추억 ... 20
청소년 시기와 대학 시절 ... 24
유학을 결심하다 ... 31
평생의 반려를 얻다 ... 36
미국 북일리노이대학 유학 생활 ... 39
우연히 시작된 남극과의 인연 ... 43
득녀의 기쁨과 루이지애나주립대학으로 전학 ... 46
형의 비보, 그리고 남극행 ... 51
국내에 본격적으로 남극을 소개하다 ... 58
유치 과학자로 귀국 ... 88

2장 아무도 가지 않은 길

우리나라의 남극 진출 초기 역사 ... 95
남극 세종과학기지 설립 ... 100
남극 연구 사업의 시작 ... 106
두 번의 남극 세종기지 월동대장 ... 112
지구 최후의 변경 〈남극 일기〉, 세종기지 김예동 박사팀 리포트 ... 124
남극 월동 에피소드: 황당했던 의료 사건들 ... 155
북극 진출의 시작 ... 162
국제북극과학위원회 가입 ... 171
북극 다산기지 설립 ... 175
고 전재규 대원의 희생 ... 188
극지연구소 설립 ... 192
'닮고 싶고 되고 싶은 한국의 과학기술인' 선정 ... 201
만년의 빙원에서 꿈을 이룬 극지연구가 김예동 ... 203
쇄빙 연구선 아라온호의 건조 ... 210

3장 **한국 극지 연구의 도약**	남극대륙 제2기지 건설 구상	219
	남극 장보고기지 위치 선정 과정	224
	장보고기지 위치 테라노바만으로 결정	231
	장보고기지의 과학적 중요성	240
	장보고기지 현장 조사와 어선 구조 활동	245
	장보고기지 건설	249
	두 번째 극지연구소장에 도전	257
	한국-뉴질랜드 남극협력센터 파견	262
	남극 내륙 제3기지 진출의 필요성	265
	남극 내륙으로 K-루트 개발	270
	빙하 하부에 존재하는 청석호 발견	275
	남극연구과학위원회 위원장 당선	281
	우리나라 극지 연구의 발전 방향	286

4장 **극지는 미래다**	세종기지에서 보내온 남극 일기	309
	미지의 세계를 향한 끊임없는 도전과 개척 정신을 간직하라 **과학 영재의 산실, 장영실과학고등학교**	316
	'국제 극지의 해'와 우리나라 극지 연구 방향	325
	아시아의 위대한 극지 탐험가 노부 시라세	338
	우리나라 극지 연구가 나아가야 할 길, '과학으로 극지에 진출하자!'	350
	극지 연구가 지니는 의미	364
	남극이 지구에 보내는 경고	368
	북극항로와 '글로벌 K-루트' 개발	372

1장

운명이 이끈 곳

학자의 유산

　나는 1954년 서울 돈암동에서 아버지 김방한 교수와 어머니 고창희 여사 사이에서 아들만 4형제 중 셋째로 태어났다.
　아버지는 서울대 언어학과 교수를 지내셔서 우리나라 언어학계 원로로 잘 알려진 분이다. 많은 업적을 남기셨는데, 저서 중에 『한국어의 계통』, 『역사-비교언어학』은 일본에서도 번역 출판되었다. 아버지는 정년 퇴임 이후 돌아가시기 전까지 5권의 저서를 쓰실 정도로 학문에 대한 열정이 대단한 분이다. 어릴 적 아버지에 대한 기억은, 수많은 장서로 둘러싸인 서재에서 연구에 열중하시던 학자의 모습이다. 아버지가 남기신 마지막 유고인 『한 언어학자의 회상』은 내가 이 회고록을 쓰는 데 큰 용기와 가르침이 되었다. 아

● 목포문학관에 있는 할아버지 김우진의 흉상. 할아버지는 우리나라 최초의 희곡작가로서 친필 원고 4편이 문화재로 등록되었다.

버지의 회고록도 일본에서 『ある言語學者の回想』라는 제목으로 번역 출판되었다.

　할아버지 수산水山 김우진金祐鎭은 일찍 작고하셔서 직접 뵌 적은 없다. 우리나라 문학사에 큰 족적을 남기신 분이다. 일제 강점기 와세다대학교 영문과를 졸업하시고, 1920년대 한국 신극 운동을 주도하여 신극 연구 단체인 '극예술협회劇藝術協會', '동우회 순회 연극단' 등을 이끌었다. 창극이나 신파극에서 벗어나 한국 최초로 근대극다운 희곡을 남겼으며, 서구의 표현주의 문예 이론을 수용하는 한편, 이를 번역하여 소개하기도 했다. 해박한 식견과 선구적 비평안을 가지고 당대 연극계와 문단에 탁월한 이론을 제시한 평론가이며, 최초로 신극 운동을 일으킨 연극 운동가로 평가된다. 그러나 윤심덕과의 사건에 가려져 그분의 업적이 제대로 조명받지 못한 것이 아쉽다. 대지주의 장남으로 태어났기에, 엄격하고 완고한 아버지의 가업을 이으라는 요구와 본인이 원하는 문학 창작 활동 사이에서 큰 고뇌와 환멸을 느끼셨을 것이다. 지금도 할아버지가 남기신 작품 〈산돼지〉, 〈이영녀〉 등이 공연되며, '김우진문학제'가 매년 목포에서 열리고 있다. 목포 용해동 목포문학관에 가면 할아버지의 유품, 친필 원고, 서적들이 상설 전시되어 있으며, 희곡 친필 원고 4편은 국가등록문화유산(문화재)으로 등록되어 있다.

증조할아버지인 김성규金星圭는 충청도 연풍 출신으로 조선 말기 광무국 주사(측량)를 시작으로 관직에 입문하셨고 후에 과거에 급제하셨다. 유학 사상을 비롯하여 실학 사상을 계승하였고, 외국의 신학문을 탐구하여 농업 개혁과 사회 개혁에 선구적인 지식을 지닌 관리셨다. 증조할아버지는 고종이 청나라에서 벗어나 조선의 독자적 국제외교 관계 수립을 위해 1887년 처음으로 유럽에 파견한 '주차영덕아의법 전권공사'(영국·독일·러시아·이탈리아·프랑스 전권 공사관)라는 최초의 해외 외교 사절단에 서기관으로 참여하셨다. 그러나 사절단은 청나라의 훼방으로 유럽까지 가지 못하고 홍콩에서 1년간 머무르다 귀국해야만 했다. 청나라가 조선의 독자적 외교 행보에 제동을 걸었기 때문이었다. 이후 1891년 과거(문과 대과)에 급제하시어 승정원에 계시다가, 1897년 대한제국 선포 이후 당시 만연한 지방 관료의 부정부패를 척결하기 위해 충청도·강원도 순찰사(옛날 암행어사)로 파견되셨다. 순찰사로 강원도 홍천군수의 비리를 색출하여 현장에서 봉고파직(파면)한 일로 조정 권신들의 모함을 받고 과감히 관직을 버리고 낙향하셨다.

그 후 다시 전라남도 양무 감리, 무안항(목포) 감리를 지내시기도 했다. 대한제국 수립 후 고종은 부족한 세수 확보를 위해 양전量田 사업, 즉 전국적인 토지 측량을 하게 된다. 고종은 토지 측량과 소유주 확인을 위해 수리에 밝고 믿음직한 사람들을 양무 감리로 임명해 전국적으로 파견하였다. 무안항 감리 시절에는 일본인과 대치해서 목포 한인 부두 노동자 편에 들어 파업을 지원하기도 하셨다. 순찰사 모함과 관련해서 1908년 조정의 진상조사 후 정2품의 품계를 내렸으나 이를 받지 않으실 정도로 성품이 강직한 분이셨다. 관직에서 물러나신 뒤에 무안務安으로 옮겨 목포·장성 등지에 학교를 세워 후진을 양성하는 교육 사업에 힘쓰신 조선 후기 문신이셨다.

외할아버지인 고한승高漢承은 아동문학가로 1923년 방정환方定煥 등과 함께 '색동회'를 조직하였고, 잡지 《어린이》에 동화를 발표하시기도 했다. 일본 동경 유학 중 할아버지 김우진과 함께 극예

술협회 창립 회원으로 활약하여 전국 순회공연을 하시기도 하였다. 1927년 동화집 『무지개』를 펴낸 뒤 동화 창작과 구연口演에도 힘썼고, 어린이들의 지위와 인격 향상 및 복지 증진에 열정을 쏟았다. 광복 직후 '개벽사'에 근무하면서 아동 잡지 《어린이》를 복간·운영하시기도 했다. 이러한 양가의 문학 활동 인연으로 아버지와 어머니가 맺어지신 것 같다.

성북천과 유안당의 추억

우리 형제들의 이름은 셋째 할아버지가 지어주셨다고 한다. 안동김씨安東 金氏 돌림자인 동東 앞에 인仁, 의義, 예禮, 지智를 넣었다. 나는 삼남이므로 '예동禮東'으로 지어졌다.

셋째 할아버지인 김익진金益鎭 옹은 가톨릭 문학인으로 다소 기이한 인생을 사셨던 분이다. 한학漢學을 배우시고 목포공립보통학교를 졸업한 후 대전중학교, 서울중앙고등보통학교를 거쳐, 일본으로 유학을 떠나 수학하셨다. 이후 중국 북경대학 언어학과에 입학해서 언어학을 공부하셨다. 중국 유학 시절 대학 도서관 사서로 있던 마오쩌둥과 친교를 갖고 공산당에 입당하여 홍군에 가담하였는데, 이 사실을 부친이 알고 강제로 귀국시켰다고 한다. 한때 불교에 심취하기도 했으나, 1935년 동경의 한 책방에서 우연히 접하게 된 프란체스코 성인의 전기에 감동하여 가톨릭으로 귀의하셨다. 그 후 독실한 신앙생활을 하며 성당을 건립하였고, 해방 이후 자신의 모든 토지를 소작인들에게 분배하고 가산을 정리하여 광주교구에 헌납하였다. 문필가로서 『동서의 피안彼岸』이라는 유명한 가톨릭 번역서를 남기시기도 했다.

　어린 시절 살았던 성북동 집은 지금은 복개된 성북천을 끼고 있었다. 당시 성북천은 상당히 넓고 깊게 느껴졌는데, 항상 맑은 물이 흘러 개구쟁이 친구들과 개천에 내려가 놀았던 기억이 있다. 개구쟁이 사형제 기르기가 힘드셨는지, 우리 형제는 교대로 목포 집으로 보내져 할머니와 지내기도 했다. 내 차례가 되면 부모님과 떨어져 시골로 가기가 너무 싫었던 기억이 난다.

　여름방학이 되면 부모님을 따라 목포와 무안에 있던 시골집에 내려가 지냈던 기억이 있다. 무안 집은 삼향면 '남악리'라는 곳에 있었는데 당시에는 서울에서 가기가 무척 힘든 오지 중 하나였다. 서울에서 기차를 타면 종일 걸려 저녁에야 도착하던 곳인데, 이제는 남악 신도시가 들어서서 고속열차로 3시간이면 갈 수 있게 되었다.

　남악리에는 '유안당'이라 부르는 넓은 기와집이 있었는데 소위 99칸 고택이 아니었을까 싶다. 고택은 넓은 들이 내려다보이는 산기슭에 있었는데, 뒤로는 대나무밭이 울창했고 좌측으로는 저수지

● 옛 유안당 자리에 세워진 현재 전라남도 도청사(가운데 높은 건물)와 그 앞 벌판에 세워진 남악 신도시.

가 있었다. 후에 옛날 집을 보존하는 것이 매우 힘들어 유안당을 팔았고 해체되어버렸다. 현재 무안군 현경면 평산 2리에 세워진 제각이 유안당 곳간을 옮겨놓은 것이라고 한다.

유안당에 가면 뒷산에서 대나무를 베어 와 낚싯대를 만들어 갯벌에 나가 운저리(망둑엇과 물고기)를 잡으러 다니거나 탱자 따러 다녔던 기억도 난다. 집에서 기르던 닭들이 곳간 곳곳에 몰래 만들어놓은 둥지를 찾아서 달걀을 열 개씩 주워 오기도 했다. 산과 들로 메뚜기, 방아깨비, 사마귀, 호랑나비 등 곤충 채집을 다니기도 했다. 채집해 온 곤충을 핀으로 고정해놓으면 이걸 먹으려고 지네들이 달려들곤 했는데, 이때 할머니가 급히 닭을 가져오셨다. 닭은 지네를 마루 밑 끝까지 쫓아가 쪼아 먹어버렸다. 또 시골에 가면 할머니가 닭을 삶아주시곤 했는데 닭백숙 먹을 때면 냄새를 맡은 지네가 천장에서 뚝뚝 떨어지기도 했다. 확실히 닭과 지네는 서로 상극인 것 같다. 밤이 되면 모깃불을 피워 집 안에 매캐한 연기로 가득차고 아버지와 평상에 누워 밤하늘 가득한 별을 보며 트랜지스터라디오를 듣던 기억도 있다. 당시 동네에 전기도 들어오지 않던 시절로 건전지가 들어가는 트랜지스터라디오는 시골에서는 보기 힘든 물건이었다.

　전남 도청이 현재 남악 신도시로 옮긴 이후 도 청사 꼭대기 층 전망대에 올라가 보고 깜짝 놀랐다. 지금의 도청 건물 자리가 바로 유안당 집터이다. 옛날 명당자리에 집터를 잡으신 증조할아버지의 혜안에 놀라울 뿐이다. 옛날 집 앞에 있던 넓은 논들은 전부 아파트 단지로 변해 있다.

청소년 시기와
대학 시절

나는 베이비붐 시기에 태어났다. 초등학교(당시 국민학교) 시절 학생 수가 너무 많아 저학년 때는 하루 3부제 수업을 해야 했다. 3부제를 해도 한 반에 학생이 100명이 넘는 콩나물 교실이 대부분이었다. 또한 중학교 입학 경쟁이 요즘 대학 입학보다 더 치열했던 시기였다. 중학교 입학시험은 국어, 산수, 사회, 자연, 음악, 미술 등 필기시험과 체육 실기시험까지 치렀던 기억이 난다. 과목별 필기시험 수백 문제 중 1~2문제 차이로 당락이 결정되는 상황이다 보니, 경쟁이 과열되어 사회적 폐해가 극에 달했다. 지금 생각해보면 우리 세대는 어릴 때부터 정말 무한 경쟁의 시대를 살아왔다고 할 수 있다.

● 1967년 중학교 입학식에서 어머니와 함께.

● 평범한 학생으로 고교 시절을 보냈다.

지금은 폐교되었지만 당시 명문 중학교였던 서울중학교에 입학하게 되었다. 누구에게나 중고교 시절은 감수성이 예민한 나이로 인격이 형성되는 중요한 시기다. 나도 청소년기 중고교 교육을 통해 일생을 좌우하는 인격을 형성하고 가치관을 갖게 된 듯하다. 서울중·고교 시절을 거치면서 교육을 통해 가슴에 새긴 중요한 좌우명이 하나 있다. 항상 선생님들이 말씀하시던 "어떤 자리에서든 꼭 필요한 사람이 되라"이다.

고등학교 졸업 후 50년을 지내면서 지금도 잊지 않고 가끔 한 번씩 되새겨보는 교훈이다. 중요한 공식 모임이나 회의에 참석하면 한 번쯤 좌우를 돌아보며 '지금 이 자리에서 내가 꼭 필요한 사람인가?'라는 질문을 나에게 던져본다. 어쨌든 유별난 데 없는 평범한 학생으로 중고교 시절을 보냈다.

고등학교를 졸업하고 서울대학교 문리과대학(문리대) 지질학과에 진학했다. 고교 시절에 지질학에 특별한 관심이 있었던 것은 아니지만, 이과반으로 왠지 공과대학에 가기는 싫었다. 공과대학이 아니면 문리대 기초과학 중 하나를 선택해야 하는데, 유독 지질학이라는 이름에 호감이 갔다. 우선 실험실에 머무르는 것보다 세계 이곳저곳을 다녀보면서 새로운 것에 도전하고 싶은 나의 천성에 걸맞은 전공이라고 생각했다.

아버지 영향인지는 모르겠지만 아버지 연구실이 있었던, 동숭동(지금의 대학로)의 문리대에 다니고 싶은 생각도 있었던 것 같다.

문리대는 지금의 인문사회와 자연과학 등 기초학문 전공이 함께 모여 있던 곳이었다. 마로니에 나무 아래서 철학과 학문과 인생을 논의하던 낭만과 자유분방함이 넘치는 캠퍼스의 이상향이었다. 대학 3학년 때 학교가 관악산으로 이전하고 문리대는 인문대, 사회과학대, 자연과학대로 분리되었지만, 아직도 동숭동 캠퍼스에 대한 향수가 아른거린다. 지금 회상해보면 당시 지질학을 지원한 것은 정말 탁월한 선택이었고, 훗날 극지 연구와 인연을 맺는 계기가 되었다.

내가 대학에 입학하던 1973년 이후 우리 사회는 매우 암울한 시기를 맞았다. 1970년대 한국의 대학은 독재에서 벗어나 민주화를 향해 나아가려는 사회적 욕구와 열망의 선봉에 서 있었다. 학기 초 한두 번의 강의 후 휴강으로 이어졌고, 학기 말은 시험도 없이 리포트로 대체되곤 했다. 제대로 온전한 강의를 들었던 학기는 거의 없었던 것 같다. 그래도 대학 시절 나름 지질학에 관심을 기울이고 공부에 열중했다. 지질학과를 졸업하려면 국내 특정 지역을 선택해 야외 지질조사 후 졸업 논문을 써야 한다. 나는 경남 하동·산청 지역을 선택해 야외 조사를 하고 지질도를 그렸다. 이 지역은 20억 년 이상 된, 한반도에서 가장 오래된 지층 중 하나로 심한 변성을 받은 '영남육괴'라는 암석이 분포되어 있다. 대학 4학년 때 봄가을로 하동으로 내려가 몇 주일씩 야외 조사를 했던 기억이 난다.

1977년 대학을 졸업하고 곧장 서울대 대학원 과정에 입학했

● 1973년 동숭동 캠퍼스에서 문리과대학 신입생 시절.

다. 대학원에서는 암석보다는 '지구물리'라는 분야를 택했다. 지구물리학은 지진, 지구자기, 중력 등 지구의 물리적 현상을 통해 지구를 이해하려는 학문이다.

대학원 시절 지금의 제주대학이 시내에서 현재 위치로 옮기기 전, 신축 부지에 지하수 시추 위치를 찾기 위해 전기 탐사를 하러 갔던 기억이 난다. 지금 제주대학이 있는 곳은 당시 중산간 지역 허허벌판이었는데, 야외 조사 나갔다가 심한 강풍과 폭설로 무척 고생했었다. 그때 제주도 가느라 처음 비행기를 타보았다. 그 시절에는 결혼하면 비행기 타고 제주도 신혼여행 가는 것이 유행이었는데 지금은 해외로 신혼여행 가는 게 보통이니 격세지감을 느낀다.

유학을
결심하다

　　지구물리학 공부를 위해 대학원에 진학했으나, 당시 국내에서 순수과학을 공부하기에는 장비와 시설이 너무 열악했다. 대학에 지원되는 연구비는 가뭄에 콩 나는 수준이었기에 교수들이 대학원생들을 지원하는 경우도 거의 없었다. 1977년 1인당 GDP가 1,074달러였으니 당시 대학은 지금과는 비교할 수 없을 정도로 어려운 환경이었다. 제대로 공부하기 위해서는 미국이나 유럽으로 가는 것이 당시로는 유일한 돌파구였다. 나는 유학을 위해 우선 군 복무를 마치기로 하였다.

　　당시에는 대학을 졸업하면 학사 장교를 많이 선택했지만, 나는 군 복무를 빨리 마치기 위해 복무기간이 짧은 육군 사병으로

● 대학에서 지질학을 공부했고 대학원에서는 지구물리학을 전공했다. 사진은 대학 시절 야외 지질 조사에 열중하는 모습.

입대했다. 그나마 대학 시절 교련을 받아 남들보다 3개월 단축한 27개월을 복무하였다. 지금 군 복무 시절을 회상해보면 내무반 선임자가 된 직후부터 제대 말년까지 계속 비상 상황 속에서 보냈다. 10·26, 12·12, 5·18 광주민주화운동 등 역사적인 사건들이 연이어 일어났기 때문이다. 하필이면 군대에서 가장 편하게 지냈을 시기가 격변기였으니, 복 없는 말년이었다.

전역 직후 대학원에 복학하면서 석사 논문을 준비하며 이와 더불어 유학을 위해 토플(영어시험)과 GRE(미국 대학원 입학 자격 시험)를 치러야만 했다. 열심히 노력한 끝에 제대 후 1년 만인 미국 유학 직전까지 석사 논문까지 모두 끝낼 수 있었.

1970년대 말까지 우리나라는 외화 부족으로 국민이 해외로 나가는 것이 매우 어려웠다. 출장·유학·이민이 아니고는 해외로 나갈 수 없었다. 유학을 가더라도 외화를 송금할 방법이 없어 국비 장학생이거나 외국 대학에서 장학금을 받지 않는 한 공부할 길이 없었다. 그러다가 1978년 대학 졸업자 이상 자비 해외 유학이 허용되면서 많은 사람이 해외 유학에 나서게 되었다. 모든 국민에게 해외 여행이 완전 자유화된 것은 88 올림픽 이후인 1989년에 이루어졌고, 2000년이 되어서야 해외 유학 전면 자유화로 초중고생까지 유학이 확대되었다.

내가 유학을 떠나던 시기에 법적으로 자비 유학이 허용되긴 했지만 집안이 어지간한 부자가 아니면 달러로 학비를 보내기 어려운 시절이었다. 나도 아버지의 대학교수 월급에 의지해 학비를 조달하기 어려운 터라 어떻게든 외국 대학에서 장학금을 받지 않으면 안 될 처지였다. 토플, GRE 성적표를 받고 급하게 대여섯 군데 미국 대학에 지원서를 보냈고 다행히 미국 북일리노이대학Northern Illinois Univ.에서 연구조교Research Assistant로 장학금을 주겠다는 연락을 받았다. 북일리노이대학은 미국 시카고에서 조금 떨어진 디켈브Dekalb라는 작은 도시에 소재한 주립대학으로 학생 수가 약 2만 명에 달하는 미국에서는 중간 규모의 대학이다. 내가 우연히 북일리노이대학으로 가게 된 것은 장차 남극과 만나게 될 운명의 시작이었는지도 모른다.

지금도 돌이켜보면 6년간의 미국 유학 시절이 나의 인생에서 가장 보람 있고 행복한 시기였던 것 같다. 다른 생각 없이 오로지 공부에만 매달렸던, 가장 행복했던 시절이었다. 젊고 패기 있던 시절이라, 졸업 후 진로나 취업에 대한 고민이나 불안도 없이 오직 학문에만 집중할 수 있었다. 이처럼 연구에만 집중할 수 있는 분위기와 환경을 만들어주는 것이 바로 미국 대학이 세계 최고의 경쟁력을 갖게 하는 힘이기도 하다.

나는 가끔 청소년들을 대상으로 강연할 때면 이렇게 말하곤 한다. "젊은이들이여, 항상 남이 가지 않은 새로운 길을 찾아가라. 그 길의 끝에 무엇이 있을지 두려움을 갖지 마라. 새로운 길을 찾아 열심히 가다 보면 성공은 저절로 다가온다." 나이 들어 생각해보면 인생의 성공이란 부와 명예도 있겠지만, 더욱 중요한 성공은 본인이 얼마나 만족한 삶을 살아왔느냐이다.

평생의
반려를 얻다

　미국 유학 준비로 바쁘게 지내던 중에 주변의 아는 분을 통해 중매가 들어왔다. 유학을 가면 언제 다시 돌아올지 모르는 만큼, 인연이 닿은 상대를 만나면 결혼해서 같이 가는 게 좋겠다는 생각이 있던 터였다. 당시는 남자가 군 복무와 학업을 마치고 직장을 잡으면 보통 27세 전후로 결혼하던 시기였고 주변 친구들도 대부분 이미 결혼한 상태였다.

　상대는 이미 아버지들끼리 교류하며 오랫동안 알고 지내던 집안의 딸이라 중매라고 하기에는 어색했다. 그래도 중간에서 누가 정식으로 다리를 놓아주셨다. 당시 집사람은 서울대학교 사범대학을 졸업하고 여자중학교 영어 선생님을 막 시작했었다. 집안끼리는

● 염수정 추기경님(당시 장위동 성당 신부)의 주례로 1981년 명동성당에서 혼례를 치렀다.

잘 알고 지냈지만, 그때까지 집사람과 직접 사귀어본 적은 없었다. 막상 만나서 사귀어가는 동안 정말 내가 바라는 이상형을 만났다는 고마운 느낌이 들었다. 1981년 4월에 정식으로 만나서 불과 두 달 만에 결혼식을 올린 걸 보면 부부 사이에는 정말 천생연분이라는 게 있는 것 같다. 교사로 임용된 지 몇 개월 만에 사표를 내고 교사 자격증까지 반납하면서 유학길에 같이 오른 아내의 용기에 지금도 감사한다.

독실한 가톨릭 신자이신 어머니의 알선으로 명동성당에서 결혼식을 치르게 되었는데, 주례 신부님으로 당시 내가 살았던 장위동 성당 염수정 신부님을 모셨다. 염 신부님은 훗날 추기경에 오르신 분으로 정말 큰 축복이 아닐 수 없다.

결혼 이후 지금까지 44년 동안 딸, 아들을 낳아 기르며 아무 말 없이 내 옆에서 지금까지 큰 힘이 되어준 아내에게 감사와 사랑의 뜻을 전한다. 오랜 시간 혼자 가정을 꾸려온 아내가 없었다면, 20번 이상 남·북극을 다니면서 극지 연구를 하는 건 불가능했을 것이다.

미국 북일리노이대학
유학 생활

    1981년 7월 난생처음 외국 여행을 떠났고, 미국 북일리노이대학에서 유학 생활을 시작했다. 학교가 위치한 디켈브DeKalb는 가도 가도 끝이 없는 옥수수밭 사이에 세워진 도시로, 인구가 학생 수보다도 적었다. 학교가 시내와 붙어 있지만, 가볼 곳이라고는 하나 없었기에 한눈팔지 않고 공부하기에는 최적이었다. 가끔 차로 한 시간 거리인 시카고로 나가보는 것이 유일한 나들이였다.

    지질과학과 대학원 연구조교로서 지도교수(패트릭 어빈Patric Ervin 교수)의 연구를 보조하는 일을 하면서 강의를 들었다. 장학금으로 학비 면제와 함께 월 550달러 정도의 급여를 받았던 것으로 기억한다. 당시 월 550달러 정도면 미국 대도시가 아니라면 아파트

● 북일리노이대학 유학생 시절 아내와 함께. 북일리노이대학에서 남극과의 숙명적 만남이 이루어졌다.

월세 내고 근근이 먹고살 수 있는 정도였다.

유학 첫 1년은 정말 힘들고 바쁘게 지냈다. 생활 적응하랴, 강의 들으랴, 연구 보조하랴, 바쁘게 지냈지만 일생에 가장 기억에 남는 보람 있는 시기였다. 나는 연구조교로서 지도교수가 수집한 방대한 양의 중력 측정값 데이터를 처리하여 전산화하는 작업을 하였다. 1980년대 초는 아직 개인용 컴퓨터가 보급되기 전이라 학교 중앙 전산실을 거쳐 자료를 주고받았다. 단말기도 보편화되지 않아서 프로그램이나 데이터는 주로 카드에 펀칭해서 보관하던 시기였다. 그때 사무실에서 중앙 전산망과 연결된 단말기를 통해 워드프로세서로 논문을 작성하는 것을 처음 보고 매우 놀랐었다. 지금은 누구나 쓰는 개인용 컴퓨터와 워드프로세서가 세상에 막 등장하기 시작한 때였다.

또 하나 기억에 남는 건 일리노이에서 맞은 첫 겨울이었다. 일리노이주는 북쪽으로 미시간 호수에 면해 있는데, 시카고는 강풍으로 유명하고 눈도 많이 내리는 곳으로 유명하다. 첫해 1981년 12월은 시카고 기상 관측 사상 가장 추웠던 해였다. 극심한 눈보라에 기온이 영하 30도 이하로 떨어졌었다. 날아가던 새가 얼어서 떨어지는 것을 목격할 정도였으며 눈이 엄청나게 쌓였던 장면이 생생하다.

1981년 한국에서 북일리노이대학에 유학 왔던 동문이 10여 명 있었다. 가장 기억에 남는 분들은 전 부산시장이자 국회의원을 지내신 서병수 박사, 재경부에 계셨던 변양호 박사 등이다. 이분들은 다 경제학을 전공하셨다. 1982년 가을 학기부터는 집사람도 영문과 대학원에 입학해 같이 다닐 수 있었다. 내가 조교로 있다 보니 배우자는 거주자로 인정받아 매우 저렴한 등록금만 냈었다. 학생 건강보험료도 매우 저렴했던 걸 보면 당시 미국은 외국인에 대해서도 많은 혜택이 있었던 정말 좋은 시절 Good Old Days이었다.

우연히 시작된
남극과의 인연

　　　　북일리노이대학에서 1년을 보내고, 1982년 가을 학기가 시작될 즈음이다. 하루는 지도교수로부터 본인의 연구비 지원이 끊어져 다음 학기부터 더 이상 연구조교로 나를 지원할 수 없다는 말을 들었다. 보통 미국 대학원 시스템은 학과에서 한번 학생을 받으면 졸업 때까지 연구조교 혹은 수업조교Teaching Assistant로 장학금을 지원한다. 물론 성적이 나쁘면 중도에서 탈락하기도 한다. 나는 그런 경우가 아니지만, 연구조교에서 수업조교로 바뀌어야 하는 상황에 처했다. 수업조교는 교수 강의를 도와 자료를 준비하거나 시험 채점 등의 일을 하는데, 강의 준비 등에 시간을 많이 빼앗기기 때문에 누구나 실험실에서 교수를 돕는 연구조교를 선호한다.

당시 지도교수는 지난 1년간 자기 강의를 듣고 연구를 도와온 나를 잘보았는지 떠나보내는 걸 매우 아쉬워했다. 그 대신 나를 위해 같은 학과 지구물리학 분야 다른 교수에게 적극 추천해주겠다고 제안하셨다. 그분은 라일 맥기니스Lyle McGinnis 교수로 지질과학과 학과장이었다. 나중에 안 일이지만, 그는 1960년대 말부터 남극 연구에 참여하고 있던 미국 1세대 남극 연구자셨다. 북일리노이대학 지질과학과에는 지구물리학, 고생물학, 퇴적학, 암석학 분야에서 남극을 연구하는 유명한 교수가 여러 명 있었다. 미국은 1970년대 초기까지 남극 과학 연구 수준이 유럽보다 뒤진 상황이었으므로 영국, 호주, 뉴질랜드에서 많은 과학자가 미국 대학으로 옮겨왔다. 북일리노이대학 지질과학과에도 외국에서 옮겨온 교수가 많이 있었다.

맥기니스 교수는 첫 인터뷰 때 "네가 상당히 유능한 학생이라고 들었는데, 혹시 남극 연구에 참여해보고 싶은 생각은 없느냐?"고 물었다. 당시 한국에서는 남극에 대해 전혀 알려지지 않았다. 나도 남극에 대해 아는 것이 없었다. 개썰매를 타고 다니는 설원이라는 인상만 있었고, '아문센'과 '스콧' 이름 정도만 기억하는 수준이었다.

교수의 갑작스러운 질문에 선뜻 대답하지 못하고 우물쭈물했다. 그러자 맥기니스 교수는 "네가 만약 나를 도와 남극 연구를 한다면 연구조교로 지원하겠다"라고 말씀하셨다. 그리고 1983년 말

연구원으로 남극 현장 조사에 참여해야 한다는 말도 들었다. 즉답을 하지 못한 채 인터뷰를 마치고 집에 와서 아내와 상의했다. 내가 만일 남극 연구를 하게 되면 위험할 수도 있고 오랫동안 출장을 갈 수 있는데 괜찮겠냐고 물었더니, 고맙게도 아내는 선뜻 동의해주었다. 그 바람에 아내는 지난 44년간 길게는 1년 혹은 매년 4~5개월씩 혼자서 가정을 돌보며 애들을 키워야만 했다.

며칠 후 다시 교수를 찾아가 남극 연구를 하겠다고 의사를 밝히면서 나의 남극과의 인연은 시작되었다. 솔직히 당시에는 남극에 대한 지식이 거의 없는 상태에서 과학적 열의보다는 연구조교로 남아 있고 싶은 소박한 생각이 더 크게 작용했었는지도 모른다.

득녀의 기쁨과
루이지애나주립대학으로 전학

　　남극 연구에 도전하기로 하고 여러 기초 자료를 모으며 바쁜 나날을 지내던 중에 아내가 아기를 가졌다. 일리노이에서의 길고 추운 두 번째 겨울을 무사히 지내고 1983년 3월 드디어 딸아이가 세상에 태어났다. 그날 새벽 아내가 산통을 느껴 집에서 약 30km 떨어진 병원에 데려가서 순산하는 것을 보고 학교로 돌아갔다. 마침 그날 물리학 시험을 보았는데, 산모 걱정도 되고 잠도 못 잔 상태라 비몽사몽 간에 헤매고 있던 차에 담당 교수가 자초지종을 들어보고 고맙게도 특별히 시간을 더 주어 여유 있게 시험을 치렀던 기억이 난다.
　　득녀의 기쁨도 잠깐 유학 생활에 다시 큰 변화가 찾아왔다. 지

● 유학 중인 1983년 미국 일리노이에서 딸 소라가 태어났다.

도교수인 맥기니스 교수가 루이지애나주립대학Louisiana State Univ.의 학과장으로 옮겨가게 된 것이다. 우리나라에서는 교수들이 다른 대학으로 옮기는 것이 드물지만, 미국에서 대학교수들의 대학 간 이직은 아주 흔한 일이다. 대학 간 교수의 이동은 학문의 교류와 대학의 발전을 위해 바람직하다. 학계의 폐쇄성과 파벌주의를 완화하는 건전한 방법이다. 대학이 중점 분야를 키우기 위해 연구비와 실험실 투자를 늘리고, 많은 연봉을 줘가며 저명한 교수들을 스카우트해 높은 학문적 성과를 이뤄냄으로써, 세계 최고의 명성을 유지하려는 것이 미국식 대학 운용 방식이다. 물론 이런 방식에 부작용도 있겠지만 미국은 대학 간의 무한 경쟁을 통해 세계 최고의 지식과 기술 수준을 유지하고 있다. 유럽의 많은 대학에서도 두뇌 이동이 이루어지만 미국만큼 활성화되지 않은 듯하다.

나도 당연히 맥기니스 교수를 따라 루이지애나주립대학으로 전학하기로 하였다. 1983년 8월경 아내와 갓 100일 지난 딸과 함께 유호올U-Haul이라는 트레일러를 끌고 시카고에서 루이지애나 배턴루지Baton Rouge까지 1,500km를 운전하며 내려갔다. 시원찮은 중고 고물차 뒤에 큰 트레일러를 달고 가면 후진도 매우 어렵고 힘이 부족해 에어컨이 작동하지 않는다. 그 때문에 무더위에 고생했던 기억이 나지만, 지금 생각해보면 젊은 시절의 좋은 추억이기도 하다.

미국 루이지애나주는 1803년 미국이 프랑스로부터 구입하여 미국에 편입되었다. 아직도 프랑스의 문화적 전통이 많이 남아 있

- 1983년 처음으로 연구를 위해 남극을 방문한 이후 40년간 스무 차례 이상 남극을 드나들 게 되었다.

고 가톨릭 신자도 많아 미국에서도 조금 특이한 지역이다. 미국 다른 주는 우리나라 군郡에 해당하는 '카운티'라는 행정구역으로 나뉘어 있는데, 루이지애나주는 행정구역이 패리쉬Parish라는 가톨릭 교구로 나뉜다. 멕시코만 북부에 위치한 아열대 기후 지역으로 과거에는 농업이 주였으나 지금은 석유와 가스의 주요 생산지이다. 우리에게는 재즈로 유명한 항구도시 뉴올리언스가 잘 알려져 있으나, 주 수도는 배턴루지이다. 루이지애나주립대학은 멕시코만 유전지대와 맞물려 미국에서도 석유 탐사와 관련된 지질학, 지구물리학이 유명한 대학이다.

무사히 루이지애나주립대학으로 전학했고, 학기가 시작하자마자 10월로 예정된 남극 현장 조사 출발 준비를 해야만 했다. 당시 미국은 남극 보급, 수송, 기지 유지 등 모든 활동을 해군에서 지원해주고 있었기 때문에, 신체검사도 루이지애나로 내려오기 전 미리 시카고 소재 미 해군 병원에서 받았고 별도 치과 치료도 받았었다.

형의 비보,
그리고 남극행

　루이지애나주립대학이 있는 배턴루지로 이사하고 신학기를 맞아 남극 탐사 준비로 한창인 1983년 8월 31일(한국 시각으로는 9월 1일) TV를 통해 놀라운 뉴스가 들려왔다. 미국 뉴욕을 출발해 한국으로 향하던 대한항공 007편이 실종되었다는 것이다. 당시 둘째 형이 대한항공 운항 정비사로 계셨고, 2년 전 미국 유학 올 때도 같은 비행기로 왔었다. 뉴스를 듣는 순간 갑자기 '혹시나' 하는 불안한 생각이 들어 한국에 전화했다. 그런데 그런 불안한 예감은 왜 늘 틀리지 않는지…. 그 비행기에는 형이 탑승하고 있었다.

　미국 측에서는 즉각 007편이 사할린 상공에서 소련 전투기에서 발사된 미사일에 피격되어 격추되었다는 사실을 발표하였다. 당시 007편에는 승무원 29명 포함 총 269명이 타고 있었으나 생존자는 없었다. 민간 여객기를 전투기가 의도적으로 격추시킨다는 것은 상상할 수도 없는 일이지만, 당시 냉전 시대에는 그런 어이없는 일들이 벌어지곤 했다. 소련은 처음에는 부인했으나, 미국과 일본이 수집한 소련 전투기 조종사의 육성 교신 자료를 공개함으로써 사실임이 명백히 드러났다. 세계 각국은 이러한 소련의 비인도적 잔혹 행위에 대해 강력한 항의와 비난을 쏟아부었다.

남극으로의 현장 조사 출발을 앞두고 있는 상황에서 형에 대한 비보를 받은 것이다. 당시는 한번 유학 가면 특별한 일이 없는 한 한국에 다녀가기가 쉽지 않은 시절이었다. 우선 부모님께 위로의 전화를 드리는 것 외에 할 수 있는 일이 없었다. 어머니는 너무 충격을 받으셔서 말을 제대로 잇지도 못하셨다.

어머니는 나의 남극행을 극구 말리셨다. 어머니로서는 당연한 반응이었다. 이미 아들 하나를 잃었는데 하나 더 잃을 수 없으니 남극에 가지 말고 귀국하라고 신신당부하셨다. 지금은 우리나라에서도 남극에 대한 인식이 많이 나아졌지만, 당시에 남극은 지금 달이나 화성만큼 가기에 위험한 곳으로 여겨졌기 때문이다. 남극 출장을 말리시는 부모님을 간신히 설득하고, 아내와 딸은 먼저 귀국시키기로 하였다.

1983년 10월 초 드디어 남극을 향해 출발하였다. 미 해군이 끊어준 항공권으로 미국을 출발하여 뉴질랜드 크라이스트처치에 도착하였다. 남극 최대 기지인 미국의 맥머도McMurdo 기지로 출입하는 모든 인원과 물자는 크라이스트처치를 경유하게 된다. 크라이스트처치에서 남극에 대한 교육을 받고 남극용 방한 의류를 지급받는다. 내의, 양말, 장갑, 고글, 방한 바지, 재킷, 방한화 등 수십 가지의 의류를 큰 더플백에 담아준다. 사전 교육은 주로 현지 기상 상태, 항공기 불시착 시 응급 상황 대처 요령 등이다. 그 외에 기지 현지에 도착하면 이글루 짓는 법, 혹한 생존법 등에 대한 1박 2일 야외교육을 받게 된다.

크라이스트처치에서는 보통 5~6일 정도 체류하는데 기상 상태에 따라 항공기 운항이 항상 불확실하기 때문에 대기하게 된다. 당시 크라이스트처치에서는 동양인을 거의 본 적이 없는지, 모두 나를 신기하게 보곤 했다. 펍pub에 가면 현지인들이 내게 무료로 맥주를 권하는 경우도 많았다.

미국은 크라이스트처치에서 남빙양을 건너 맥머도 기지까지 약 4,000km를 대형 군 수송기를 이용해 인원과 물자를 나른다. 비행시간은 C141 제트기로는 5시간 반, C130 프로펠러 수송기로는 7시간 반 정도 걸린다.

크라이스트처치를 출발한 비행기는 기지 앞 약 2m 두께의 해빙 위에 설치된 윌리엄스 필드 활주로에 착륙했다. 뉴질랜드 크라이스트처치에서 출발해 컴컴한 화물기 그물 위에서 5시간 반을 보내고 남극 바다얼음 위에 내리니 눈부신 신세계가 펼쳐졌다. 나의

● 생애 처음으로 남극 땅을 밟다. 사진은 미국 맥머도 기지 앞바다 얼음 위로 미군 수송기가 착륙한 장면.

● 남극은 하얀 얼음과 파란 하늘 두 가지 색으로만 이루어진 아름다운 세상이다.

눈에 들어온 건 광활한 하얀 얼음과 파란 하늘, 단 두 가지 색깔만 존재하는 단조롭지만 아름답고 신비한 세계였다.

그때 지도교수 맥기니스 박사는 나에게 물었다. "남극을 처음 본 인상이 어때?" 나는 "매우 아름답습니다"라고 답했다. 이 말을 들은 교수는 "두 번 다시 남극에 오지 못하리라 생각하겠지만, 너는 앞으로 평생 남극을 드나들게 될 거야"라며 미소 지었다. 그 노교수의 예언은 실현되어, 나는 그 후 40년간 20차례 이상 남극을 드나들며 남극대륙의 진화와 기후변화 등을 연구해오고 있다. 1989년과 1996년 세종기지 월동대장으로 2년을 지냈으며, 매년 11월에서 2월까지 남극의 여름에는 어김없이 남극을 다녀왔다. 그렇게 해서 지금까지 100여 편 이상의 논문을 국내외 학술지에 발표했다. 돌이켜보면 당시 지도교수의 말은 예언이 아니라 한 젊은 과학자에게 던지는 축복이었다.

　　3개월간 남극 현장 조사를 마치고 미국으로 돌아가는 길에 한국에 잠시 들렀다. 당시 국내에서는 학계에서조차 남극에 대한 지식과 이해가 전혀 없었다. 물론 남극 과학 연구에 대해서도 전혀 알려지지 않았다. 나는 국내에 잠시 머무르는 동안 일간신문 칼럼을 통해 대중에게 남극을 알리고 그 과학적 중요성을 소개했다. 참고로 우리나라는 1986년에 와서야 비로소 남극조약Antarctic Treaty에 가입했으니 1983년 당시에 남극은 국민들에게 미지의 세계였다.

국내에 본격적으로
남극을 소개하다

1983년 남극 현장 조사를 마치고 미국으로 돌아가기 전 한국에 들렀는데, 그때 언론 인터뷰와 칼럼 기고를 통해 남극에 대해 소개했다. 당시의 기사와 칼럼을 싣는다.

《경향신문》 인터뷰[*]

한국 학자로 남극 학술조사에 참여 중인 김예동 씨(29)가 남극 체류를 마치고 서울 집에 잠시 들렀다. 루이지애나주립대학에

* 1983년 12월 16일.

서 지질학 박사과정을 밟고 있는 김 씨는 지난 10월 18일부터 12월 4일까지 동 대학 지질학 연구팀의 한 사람으로 남극 로스해 부근에서 남극대륙의 지하 구조를 조사하는 탄성파 탐사 작업을 해왔다. 이 연구는 김 씨가 박사 논문에 밝힐 2억 년 전 지구의 판구조 이론을 설명하는 데 남극이 증거를 제시할 유리한 입장에 있는 곳이란 점에서 행해진 것이다.

물 위에 뜬 얼음만으로 굳어진 북극과 달리 남극은 평균 얼음 두께 2km 아래는 땅으로 덮인 방대한 대륙이며(우리나라의 50배도 넘는다) 해발 3,000~4,000m의 산맥이 이곳을 가로지른다.

"우리 연구팀이 가 있는 동안은 백야가 계속되는 남극의 여름 절기였지요. 평균 -20℃ 내외지만 시속 300km의 강풍이 불기 때문에 체감온도는 -50℃나 됩니다. 언뜻 생각에 얼음과 눈뿐이니 습도도 높을 것 같지만, 사하라나 고비사막 버금가는 건조한 곳이어서 기지에 불이 날 위험이 굉장히 많죠. 특수 자연환경을 지닌 곳이라 연구를 위해 무엇보다 남극 전문가를 빨리 내야 되겠다는 생각입니다. 미국은 해마다 800명의 과학자가 남극 연구를 하고 있고 소련과 일본은 상설 기지가 물론 있으며 브라질이 연구를 시작했습니다." 젊음 때문인지 그는 우리나라가 30여 남극조약 회원국에서 빠져 있다는 사실에 아쉬움을 금치 못한다.

남극 연구는 그 역사가 짧아서 제2차 세계대전 이후부터 활발해졌다. 그 이전에 소유권을 주장한 나라도 몇 있었다가 유보되고 조약 기간 중은 인류 공동의 실험 연구지로 못 박아졌으나 앞으로 어떤 형태로든 이곳의 풍부한 지하자원을 염두에 둔 주장이 되풀이되지 않으리란 보장이 없다.

남극조약은 1991년에 1차 조약 기간이 만료된다. 기지를 가진 미·소·일 등은 이사국으로 1년 내내 남극에 머무를 수 있으나 기지 없이 연구만 하는 12개 회원국은 해마다 2~3명씩의 과학자들이 오는데, 험한 환경 조건에 아랑곳없이 여성들도 참여한다.

"깊은 바다 밑을 흐르는 해류가 남극에서 처음 만들어진다는 사실이 최근 남극 해양학 연구를 통해 나왔어요. 또 남극의 기상은 지구 전체의 일기에 큰 영향을 미친다고 해서 기상학 연구도 이곳에 집중되어 있습니다. 미국에는 과학자들을 위한 보급·운송·보호를 전담하는 해군 기지가 따로 있어서 모든 장비를 운송해주지요."

남극에는 물이 귀해서 생존을 위한 물만이 쓰일 뿐 연구 기간 동안 세수와 양치는 엄두도 못 낸다. 설맹·동상·난방으로 인한 일산화탄소 중독 사고가 많고 8개월간은 밤만 계속되며 -80℃까지 내려가는 곳이기 때문에 여기서의 연구를 위해 정밀 신체검사를 하게 된다.

"풍치가 있으면 추워서 못 견디고 겨울에 남는 사람은 정신과 진단도 받게 되지요."

차량 장비도 타이어 아닌 궤도 차량이라야 하고 기타 전자 장

● 남극에서 약 3개월간 야외 탐사를 했다.

비를 위해 이번 김 씨의 연구팀 8명 중엔 전자 기술자도 포함되어 있었다.

'펭귄이 사람 구경하러 오는 이곳'은 지구상에서 가장 오염이 안 된 지역으로, 환경을 어떻게 유지할 것인가에 모든 연구가 귀착되므로 사냥 같은 것도 철저히 금지되어 있다고 김 씨는 밝힌다.

만년설의 맥머도 기지*

만년설의 미개발 지역. 지구에 남은 마지막 대륙 남극 땅, 지구물리 탐사를 위해 미 해군이 운영하는 맥머도 기지에 도착한 날은 남반구의 여름이 시작되는 10월 중순이었다.

맥머도 기지는 미국이 자랑하는 남극 최대의 기지. 건물만도 창고, 차량 정비를 위한 차고, 과학자들과 군인들을 위한 숙소, 라디오 및 TV 방송국과 지질학·생물학 실험실, 각종 사무실, 교회, 술집 등 100여 채가 넘고 여름 기간 동안 800여 명의 인원이 상주하는 곳이다. 지구상 최대의 문명 외곽지대.

그러나 외롭고 쓸쓸한 곳이라기보다 한창 개발 붐을 타는 광산촌 같은 인상이다. 세계 각국의 과학자들이 서로 다른 색깔의 유니폼을 입고 무한한 연구열에 들떠 숨 가쁘게 움직이는 곳이기도

---

* 《경향신문》칼럼 1984년 1월 5일, '마지막 대륙 남극을 가다' 미 과학재단 조사팀 참가 김예동 씨 특별 기고.

하다. 대부분의 건물은 화산으로 이루어진 섬의 산기슭에 자리 잡고 있으나 산 중턱에 설치된 거대한 저유 탱크들만이 다른 곳에서는 흔히 볼 수 없는 광경이다.

특히 만년설을 바라보면서 공수되어 온 수박과 오렌지를 먹을 때는 자신이 남극에 와 있다는 현실을 의심할 정도이다. 남극 기지 생활은 처음 약 3주간은 기지에서만 지냈으며 나머지 4주간은 야외 지구물리 탐사로 보냈다. 기지에 머무르는 동안 우리는 '캘리포니아호텔'이라 불리는 건물에 머물렀다. 바깥 기온은 -20℃를 오르내리는 강추위였다. 그러나 건물 안은 무척 따뜻하여 러닝셔츠 차림으로 지낼 수 있었다.

건물들은 모두 목재를 사용하였고 특이한 것은 단열 효과를 위해 지상에서 50cm가량 떠올려 세워졌다는 점이다. 또 각 건물은 열효율을 높이기 위해 독자적인 난방 시스템을 갖추고 있었다. 기지에서의 가장 큰 문제는 물 부족 문제. 평균 두께 2km의 빙하로 덮여 있고 지구 전체 담수량의 70%를 보유하고 있는 남극대륙에서 물이 부족하다는 소리는 이상하게 들릴지도 모르지만, 기지는 해안에서 약 60km 떨어진 섬에 위치한 관계로 디젤유를 사용하여 하루 50톤 이상의 염수를 담수로 바꾸는 시설을 갖추고 있다. 그렇지만 물은 기지촌 사람들에게는 충분한 양이 아니다. 목욕은 1주에 1회 2분간 실시하는 '해군 샤워'밖에 할 수 없으며 그나마 예비량에 미달될 경우 모든 샤워와 세탁은 일체 금지되었다.

- 남극 최대 기지인 미국의 맥머도 기지는 현재 여름철에 1,200명 이상의 인원이 체류하는 작은 마을로 교회와 우체국도 있다.

비행장은 기지에서 약 2km 떨어진 바다얼음 위에 설치되어 있으나 남극의 여름인 12월 말이 되면 바다 얼음층이 얇아져서, 얼음 두께 100여 m나 되는 만년빙 위에 있는 윌리엄즈필드 비행장으로 옮겨진다. 윌리엄즈필드 비행장은 기지에서 약 16km나 떨어져 있다. 기존의 각종 시설들은 모두 건물 밑에 스키를 부착하고 있어 트랙터로 쉽게 끌어 운반할 수 있다. 그러나 얼음 위에 설치된 건물들도 여러 해가 지나면 눈 속에 파묻혀 4~5년마다 다시 지어야 하는 어려움이 있다는 것이 해군 측의 말이다. 우리 루이지애나주립대학 지구물리팀이 윌리엄즈필드를 방문했을 때도 한 군인이 가리키는 곳을 보니 약 1km 떨어진 곳에 구 건물들의 전신주 끝만이 간신히 눈 밖으로 솟아 있었다.

맥머도 기지에는 중앙의 숙소 건물에 높은 국기 게양대가 있는데 이것은 맥머도 기지촌 사람들의 최대 관심사이다. 부정기적으로 공수되는 우편물이 도착하면 이곳에 빨간 깃발이 오른다. 깃발이 오르면 모두들 일손을 멈추고 환호성을 지르며 달려가곤 한다. 문명 사회의 소식, 가족들의 안부를 듣는 유일한 순간이기 때문이다.

기지에는 과학자들과 군인들 외에도 민간인 기술자들이 있는데 그들은 대개가 몇 년씩 계속해서 여름 기간마다 정기적으로 남극에 오는 사람들이다. 그들의 남극에 대한 생각은 호의적이다. 한 텁석부리 기술자는 "1년 중 4개월만 일하고 나머지 8개월은 집에서 놀며 지낼 수 있다는 점 외에도 남극이 갖고 있는 묘한 매력을 떨쳐버릴 수 없다"며 씽긋 웃었다. 실제로 이곳에서 연구하는 과학자들도 대부분이 계속 매년 남극 연구에 참여하는 인원들이다.

어느 포근한 날, 우리는 맥머도 기지에서 약 3km 떨어진 뉴질랜드의 스콧 기지를 방문하게 되었다. 스콧 기지는 미국 기지에 비해 작은 규모이기는 하나 매우 짜임새 있고 아담한 곳이다. 모든 건물은 초록색으로 통일되어 있고 특이한 것은 각 건물이 한곳에 모여 동굴과 같은 통로로 서로 연결되어 있는 점이다. 물론 통로로 불이 번지는 것을 막기 위해 통로마다 두꺼운 방화문이 설치되어 있다. 스콧 기지의 우체국에는 민간 전화 시설을 갖추고 있어 이 일대에 거주하는 인원들의 유일한 대외 창구 노릇을 하고 있다. 이곳에는 옛날 남극 탐험대가 데려온 개의 자손으로 생존하고 있는 허스키라고 불리는 썰매 끄는 개가 있다.* 허스키는 북극에서 데려온 초창기 남극 탐험의 자손들. 무게가 45kg이나 나가는 무척 큰 개이다. 허스키는 추위에 강해 -50℃의 추운 겨울에도 건물 안에 들여놓는 법이 없으며 오히려 추위를 좋아한다고 한다. 허스키들은 매우 사나워서 서로 물어 죽이는 일이 있기 때문에 약 5m의 간격을 두고 얼음 위에 따로 묶여 있었다.

몇 년 전까지만 해도 뉴질랜드를 출발하여 이 일대를 돌며

---
* 1991년 이후 남극으로의 모든 외래종 생물의 반입이 금지되었다.

구경하는 관광용 대형 여객기가 있었는데 악천후로 산에 충돌, 200여 명의 인원이 전원 사망한 후 비행이 중지되었다고 한다.

맥머도 기지에는 우리 지구물리학자들 외에도 지질학, 생물학, 기상학, 해양학, 지형학 등을 연구하는 미국 학자들과 공동 연구를 위해 체류 중인 일본인 지질학자들도 있었다. 그중에서 특히 생물학자들과 지구물리학자들 사이는 별로 좋지 않은 편이다. 심지어는 그곳에서 남극 물개를 연구하는 생물학자들은 지구물리 탐사를 위해 우리가 사용하는 화약의 발파음 때문에 그 일대의 물개들이 전부 귀머거리가 되었다며 나와 같은 지구물리학자들을 비난하는 바람에 입씨름이 벌어지곤 한다.

하루는 아침 일찍 우리가 사용하는 차량에 가보니 화물칸에 길이 1m도 넘는 이름 모를 물고기 사체가 놓여 있지 않은가. 그것은 틀림없이 생물학자들이 지질학자들을 저주하기 위한 제물임이 분명했다. 우리 몇 사람은 그 대어를 끙끙거리며 메고 끌고 하여 쓰레기통 옆에 옮겨놓았는데 저녁에 돌아와 보니 그놈이 감쪽같이 없어진 것이 아닌가. 우리는 영하 20도의 자연 냉동 상태에서 살아 있다가 도망친 것으로 추측하였는데 나중에 들어보니 일본인 과학자들이 가져가 생선회로 먹었다는 것이다. 일본인 과학자들은 연어회보다 싱싱하고 맛있더라며 입맛을 새삼 다셨다고 한다. 이 말을 듣고 보니 고국에서 먹던 생선회 생각이 나서 군침이 돌았다.

국제 실험장*

아직은 주인 없는 지구촌. 남극에는 현재 세계 열강 14개국에서 37개 기지를 설치, 치열한 연구 경쟁을 벌이고 있다. 대부분의 기지는 비교적 따뜻한 남극반도나 보급이 유리한 해안가에 자리 잡고 있다. 특히 미국, 소련, 일본 등 강대국들은 대륙 내부에까지 진출하고 있는 것이 눈에 띈다. 남극대륙은 현재 14개 상임이사국과 12개 회원국(기지가 없는 나라)으로 구성된 '남극조약'에 의해 공동 관리되고 있다. 남극조약의 기본 골격을 보면 남극대륙에 대한 기존 영토권의 동결, 평화적 목적을 위한 과학 연구의 자유 등이다. 특기할 만한 것은 회원국의 자격을 연구 업적이나 기지 보유 여부에 의해 부여한다는 점이다. '남극조약'은 정치색을 배제하고 순수과학을 통한 국제협력의 가장 모범적인 국제기구로 인정받고 있다. 지난 1982년 영국과 아르헨티나의 포클랜드 전쟁 중에도 양국 대표가 나란히 남극회의에 참가하여 진지한 토의를 했다는 일화는 과학을 통한 국제협력을 설명해주는 증거이다.

그렇다고 남극이 평화로운 땅만은 아니다. 각국들이 장래에 개발될 남극의 풍부한 자원을 두고 보이지 않게 눈을 번뜩이고 있기 때문이다. 특히 미국의 남극 개발 열기는 정말 대단하다. 대통령

---
* 《경향신문》 칼럼 1984년 1월 6일.
** 남극조약 협의 당사국을 의미.

● 맥머도해협에서 탄성파 탐사를 위해 화약을 발파하는 모습.

이 직접 '남극대륙만이 과학 연구에 의해 국가 이익과 정책이 반영되는 지구상 유일한 지역'임을 강조하고 있다.

미국은 남극 연구팀을 파견하기에 앞서 약 6개월 동안 정밀 검사를 실시한다. 대원들은 4개월 전에 반드시 미 해군 병원의 신체검사를 받아야 한다. 특히 치과 부문은 철저해서 충치, 풍치, 사랑니 등에 약간의 이상이 발견되어도 완치될 때까지 남극행은 보류한다. 그리고 매년 9월, 그해 연구 시즌이 시작되기 직전 워싱턴에서 미국 과학재단이 주최하는 오리엔테이션이 있는데 300여 명의 과학자가 참석하여 여행에 필요한 사항, 기후, 건강 문제, 장비 등에 대해 사전 교육을 받는다.

미국에서 남극대륙으로 가는 길은 연구 지역에 따라 두 가지 경로가 있다. 뉴질랜드를 거쳐 로스해에 위치한 맥머도 기지로 들어가는 것과 남미 아르헨티나나 칠레를 통해 남극반도에 도착하는 것.

미국 과학재단의 남극 연구 계획의 일환으로 선발된 루이지애나주립대학 지구물리탐사팀은 남극 베테랑 맥기니스 교수(지구물리학)가 리더이다. 나를 비롯하여 학생 6명과 전자 기술자 1명 등 모두 8명이다. 나는 유일한 외국인 학생으로 참가하는 행운을 얻은 셈이다.

우리는 뉴질랜드에 도착 후 지급 받은 방한복으로 갈아입고 C141 제트 수송기에 올랐다. 군용 수송기에는 불편한 좌석 외에 헬리콥터까지 실어 무척 비좁았다. 남극에서는 미국과 뉴질랜드만 C141, C130 등에 의한 공수 능력을 보유하고 있다. 5시간 30분 동안 고역을 치른 뒤 맥머도 기지에 안착했다.

　바퀴 밑에 스키를 단 육중한 수송기들이 맥머도 기지 근처의 두께 2m의 바다얼음 위 활주로에서 뜨고 내리는 광경은 정말 장관이다. 수송기에 의한 물자 보급은 매년 10월부터 다음 해 2월까지의 여름철에만 이루어진다. 나머지 8개월은 외부와의 교통이 일체 두절된다. 특히 남극점에 위치한 아문센-스콧 기지는 1년 중 10개월을 고립된 채 지내야 한다. 맥머도 기지에서는 겨울 기간 중 일체의 야외활동이 중지된다. 또 체류 인원도 약 100명 정도로 줄어든다.

　사실 남극대륙은 19세기에 들어서 주로 고래잡이나 물개잡이 어선들에 의해 일부 해안이 발견되었다. 특히 1900년부터 스콧을 중심으로 한 영국 탐사대는 손꼽히는 업적을 남겼다. 미국의 맥머도 기지 부근에는 1902년 스콧에 의해 건립된 목조 건물이 그대로 보존되어 있는데 80년이 지난 현재도 건물과 가재도구 일체는 물론, 먹다 남은 식료품까지 원형을 유지하고 있다. 아문센과 스콧의 남극 탐험 일화(1912년)는 너무도 유명하다. 노르웨이의 노련한 탐험가 아문센은 스콧보다 한 달 먼저 남극점에 인간으로서는 첫발을 디뎠다. 당시 스콧은 먼저 출발한 아문센을 따라잡기 위해 다섯 명의 대원이 썰매를 끌며 무려 1,500km를 달려 극지점에 도달했으나 발견한 것은 아문센이 남긴 텐트와 편지뿐. 순간 그들이 맛본 쓰라림은 누구도 상상하기 힘들었으리라. 실망과 지친 몸을 이끌고 돌아오던 스콧 일행은 왕복 3,000km의 여정 마지막 47km를 눈앞에 두고 심한 추위와 눈보라에 못 이겨 텐트 속에서 조용히 죽음을 맞았다. 다음 해 구조대가 그들의 텐트를 발견했을 때 그들은 마지막 순간까지 여행 중 채취한 16kg의 암석 표본을 소지하고 있었다고 한다.

그 사건 후에는 별다른 연구나 탐험이 시행되지 않았으나 제2차 세계대전 후 미 해군의 대규모 지원에 힘입어 1950년 무렵에 와서야 비로소 남극대륙의 모든 해안이 발견되고 부분적인 지도가 작성되었다. 그러나 본격적인 과학 연구는 지난 1957~1958년 사이 '국제 지구물리학의 해International Geophysical Year'가 선언되면서 시작되었다. 미국, 소련, 일본 등 12개국이 참가하여 지진학, 지구자기학, 빙하학, 기상학, 고층물리학, 지질학, 해양학, 생물학, 지형학 등 광범위한 분야에서 연구를 실시하여 현재 우리가 알고 있는 남극에 대한 대부분의 지식은 이때 밝혀진 것이다. 당시 12개국은 1959년 '남극조약'을 체결했다. 이 조약은 국제협약으로 1961년부터 효력이 발생, 오는 1991년에 만료될 것이다.

아직 남극조약이 어떻게 개정될지는 확정되지 않았지만 적어도 회원국이 늘어날 것만은 분명하다.* 당초 이 조약에 관심을 두지 않았던 비회원국들이 장차 자원 고갈 시대에 대비, 남극 진출을 서두르고 있기 때문이다. 이 조약의 회원 티켓이 어떻게 주어질지 미지수이지만 지난번에 타결된 해양법과 같이 남극 연구개발에 얼마나 많은 돈을 들였는가로 판가름 날 전망이다.

우리나라는 열강과 같이 당장 기지를 건설할 필요는 없지만 지금부터라도 남극 전문가들을 키우고 또 틈틈이 이 대륙에 대한 연구개발에 투자하여 장차 남극 개발에 한자리 낄 수 있도록 자격을 갖추어나가야 될 것 같다.

감기 환자는 '전무'**

우리가 보통 남극이라 부르는 남극권은 남위 66° 33'을 경계로 여름 기간 동안 낮만 계속되고 겨울 기간 동안 밤만 계속되는 지역을 말한다. 대륙의 크기는 지구 전체 육지 면적의 약 10%를 차지한다. 호주대륙의 2배에 해당하는 거대한 대륙이다. 또한 전체 면적의 98%가 100만 년을 두고 쌓인 눈으로 이루어져 있으며 평균 두께 2.1km의 얼음으로 덮여 있다. 그래서 그 얼음 무게에 눌려 지면

---

* 현재 남극조약은 개정되지 않고 그대로 지속되고 있다.
** 《경향신문》칼럼 1984년 1월 9일.

은 해수면 이하로 내려가 있다. 남극 지역의 얼음 양은 엄청나다. 만약 남극 얼음이 전부 녹는다면 현재의 해수면을 45~90m까지 상승시킬 수 있다고 한다. 연평균 기온은 해안 지방이 -17℃, 내륙 지방이 -89.6℃까지 내려가기도 한다. 그러나 인간 활동에 제약을 주는 요인은 이런 저온보다 바람이다. 우리가 남극 땅에 체류하는 동안 기온은 -15~-20℃ 정도였지만 시속 300km의 강풍과 눈보라가 몰아쳐 체감 온도는 -50℃ 이하로 뚝 떨어지는 경우가 자주 있다. 또 하나 흥미로운 사실은 대륙의 대부분이 사막과 같은 건조한 지역이라는 점이다. 휘몰아치는 눈보라는 100만 년 동안 쌓인 눈이 날리는 것뿐, 실지로 남극점에서의 연중 강설량은 물로 환산하였을 때 25mm 정도에 지나지 않는다. 따라서 기지에서의 최대 관심사는 화재. 공기가 건조하기 때문에 불이 자주 나며 한번 불이 붙으면 강풍을 타고 걷잡을 수 없이 번지기 때문에 모든 건물은 화재에 대비, 전부 일정한 간격을 유지하고 있다.

    이처럼 남극은 우리가 살고 있는 생활권과는 환경이 전혀 다르다. 그래서 남극 생활을 하려면 이곳에서 이른바 '생존학교'에 입교해서 훈련을 받아야 한다. 맥기니스 교수 등 우리 지구물리조사팀도 이 학교를 수료했음은 물론이다. 생존학교는 바다얼음 위에서 활동하는 사람은 하루, 내륙 쪽에서 활동하는 사람은 1박 2일 동안 진행된다. 교육은 주로 눈으로 집을 짓는 요령과 비상시 생존을 위해 취해야 하는 행동 등이다. 첫째, 야외에서 차량이 고장 날 경우 즉시 차를 버리고 얼음집을 지어 대피해야 한다. 모든 금속체는 열을 급속하게 빼앗긴다. 이 때문에 고장이 난 차에 머물러 있다가는 동사하기 십상이다.

남극의 눈은 의외로 단단하다. 표면의 눈만 제거한 뒤 톱으로 네모지게 잘라내 벽돌 쌓듯이 집을 지을 수도 있고 또 눈을 한 군데 쌓아 올려서 그 안에 구멍을 뚫어 동굴을 만들 수도 있다. 눈집 안은 의외로 따뜻하다.

항상 소지해야 하는 비상식량과 슬리핑백만 들여놓으면 3일 정도는 거뜬히 버틸 수 있다. 그러나 남극에서는 특수한 자연환경 때문에 항상 신체적 위험이 뒤따른다. 제한된 공간, 즉 텐트 등에서 버너를 계속 틀어 난방을 할 경우엔 일산화탄소 중독의 위험이 따른다. 특히 초창기의 남극 탐험에서 이 가스 중독의 희생이 많았었다.

또한 흔히 볼 수 있는 것이 동상이다. 남극에서는 장갑을 끼지 않고 금속체를 만지는 것은 절대 금물. 만약 만졌다가는 살갗이 금속체에 달라붙어 떨어져 버리기 때문이다. 그 밖에도 눈과 얼음에서 강렬한 햇빛이 반사되기 때문에 반드시 선글라스를 끼어야 한다. 만약 선글라스를 끼지 않았다가는 설맹증이라는 병에 걸리는데, 한번 걸리면 열흘 정도는 치료를 받아야 시력을 회복할 수 있다.

그리고 햇볕에 의한 화상 때문에 얼굴에 기름을 발라야 한다.

특히 건조한 기후와 생리적 변화 때문에 탈수증에 걸리기 쉬우므로 항상 필요 이상의 물을 마셔야 하는 것이 중요하다. 또 체온 저하에서 오는 졸음증, 무기력 등은 남극인들에게 매우 무서운 증상이다. 누구나 야외에 처음 나가는 사람은 이처럼 험악한 기후에 적응하기 위해 일주일간 졸음, 무기력증과 싸워야 한다. 더군다나 남극대륙은 지구 전체 대륙 가운데 가장 고도가 높다. 평균 2,000m의 고도를 유지하고 있으며 특히 내륙 지방은 고도 3,000m 이상이기 때문에 자칫 고산병에 걸리기 십상이다. 그리고 여성 대원들에게는 피임약이 필수적으로 지급되고 있다. 남극에서는 여성을 보살필 수 있는 산부인과 의사나 시설이 없기 때문에 만일의 실수에 대비하기 위해서 취해진 조치다. 그러나 한 가지 다행한 것은 일체의 세균성 질환이 없는 점이다. 추운 기후 덕분에 이곳에는 바이러스나 세균이 살 수 없다. 그래서 남극에는 감기로 고생하는 사람이 없다.

남극대륙은 크게 남극 횡단 산맥을 경계로 동남극과 서남극으로 나뉘는데 루이지애나주립대학 탐사팀의 연구 지역은 서남극의 해안에서 약 60km 떨어진 로스섬 부근이다. 실제로 이곳에서는 동서남북의 개념은 무의미하다. 어느 방향을 보나 북쪽이 될 수밖에 없기 때문. 그러나 이곳 사람들은 편의상 지구의 동반구에 연한 구역을 동남극, 서반구에 연한 지역을 서남극이라 부르고 있다.

로스섬은 거대한 화산으로 이루어진 곳으로 특히 여기에는 남극에 존재하는 2개의 활화산 중 하나인 에레버스가 자리잡고 있다. 에레버스는 높이 3,700m나 되는 활화산이다. 1년 내내 흰 연기를 내뿜고 있다. 산 정상에 올라가 보면 얼음 사이에 있는 분화구 내에 시뻘건 용암들이 끓고 있는 것을 볼 수 있다. 아무튼 만년설에 뒤덮인 끝없는 빙하와 그 사이에 끊임없이 연기를 내뿜으며 솟아 있는 활화산의 멋진 조화는 어느 곳에서도 볼 수 없는 그야말로 장관이다.

펭귄의 낙원 "인간이 구경거리"*

남극에서의 음식은 주로 통조림과 육류다. 거대한 야외 천연 냉동실인 그곳에서는 냉장고가 필요 없다. 그러나 모든 음식이 너무 얼어 조리에 특별한 기술이 필요하다. 특히 햄버거 등의 육류를 먹기 위해서는 먼저 망치와 정으로 고기를 부순 뒤, 발전기를 사용한 전자레인지에서 녹여 다시 가스오븐에 넣는 복잡한 절차를 거쳐야 한다. 통조림류도 버너에 올려놓고 가열시킨 후에나 내용물을 꺼낼 수 있다.

식사는 하루에 아침과 저녁 두 끼를 먹고 점심에는 주로 과자나 초콜릿 등 고칼로리의 간식을 섭취한다. 아침 식사로는 4주 동

---

* 《경향신문》칼럼 1984년 1월 10일.

● 뒤로 보이는 로스섬의 3,792m 높이 활화산 에레버스에서 끊임없이 수증기가 뿜어져 나오고 있다.

안 매일 기름기 있는 조리 음식 대신 오트밀을 먹는다. 그 이유는 식기 씻는 시간을 절약할 수 있기 때문이다.

저녁 식사는 7명이 돌아가며 조리를 해야 하고 아침은 주로 연구팀의 대표인 맥기니스 교수가 했다. 그는 머리가 희끗희끗한 50대의 남극 연구 권위자이지만 그는 언제나 아침 일찍 일어나 아침 식사를 준비했다. 쓰레기는 매일 이동해야 하는 캠프 근처에서 태워버린다.

야외 탐사의 마지막 전날 우리 팀의 한 친구가 으스대며 "내일 아침은 오트밀을 먹지 않을 것"이라고 말했다. 자기가 맥기니스 교수의 마지막 남은 오트밀을 전부 불 속에 넣었다는 것이다. 우리는 이미 오트밀에 질려 있었으므로 그것은 너무도 반가운 소식이었다. 그러나 웬걸! 다음 날 아침 오트밀이 다시 아침상에 올랐다. 그 친구는 무척 당황하여 교수께 물었다. 그는 그럴 줄 알고 어제저녁 미리 한 통을 자기 텐트 속에 보관했다며 빙긋 웃었다. 25년간 남극을 15차례나 다녀간 베테랑의 기지를 느낄 수 있었다.

저녁 식사는 육류를 중심으로 고단백질, 고칼로리 음식을 섭취해야 하는데, 문제는 설거지였다. 식기는 1회용 종이 접시를 사용하나 조리용 식기는 씻을 수밖에 없는 노릇이다. 물이 워낙 귀한 형편이라 남극에서의 설거지는 그냥 물속에 담갔다가 꺼낸다. 그래도 원래 질병이 없는 곳이라 별 탈은 없다. 식수는 9리터들이 플라스틱통에 담아 트레일러 안에 보관한다. 물이 부족하니 수염을

기를 수밖에 없는데, 야외 생활 몇 주일 지나면 만년설에 반사된 햇볕에 타서 새까만 얼굴에다 수염까지 텁수룩해서 누가 누군지 구별할 수 없을 정도가 된다.

그곳에서의 동물은 해안 지방에서만 볼 수 있는데, 남극 물개와 펭귄, 그리고 스쿠아라 불리는 일종의 갈매기 정도이다. 그중 물개는 길이 2m가 넘는 육중한 동물로 바다얼음을 이빨로 깨고 기어 나와 여름 동안 하루 내내 일광욕을 즐긴다. 따라서 이들은 이빨이 닳거나 부서지면 얼음을 뚫을 수가 없어 결국 익사해 죽고 만다.

남극의 대표적 동물인 펭귄은 크게 황제펭귄과 아델리펭귄 두 종류가 있다. 황제펭귄은 길이 1m, 무게는 40kg이 넘는 대형이고, 아델리펭귄은 겨우 50cm 크기의 작은 종류다. 특히 황제펭귄은 겨울 기간 동안 알을 낳는데 수놈이 -50℃의 추위와 암흑 속에서 두 달 동안 식음을 전폐한 채 꼼짝 않고 알을 품고 있다고 한다.

그곳의 펭귄들은 각국이 철저한 자연보호 규칙을 지키는 가운데 인간을 별로 본 일이 없기 때문에 옆에 가도 도망가는 법이 없고 사람이 오히려 쫓겨 다녀야 하는 형편이다.

이외에도 바다얼음 밑에 여름 기간 동안 서식하는 곰팡이류의 바다생물이 있다고 한다. 그 곰팡이를 연구하기 위해 얼음을 뚫고 잠수하는 과학자들을 만났는데 그중에는 놀랍게도 여성 과학자도 한 명 있었다. 그들에게 들어보니 물속에서는 그리 춥지 않고

● 첫 남극 조사 때 해빙 위에서 아델리 펭귄과 마주치다.

물 밖으로 나오면 온몸이 얼어붙는 것 같다고 한다.

남극대륙 근해는 가히 수산자원의 보고라고 할 수 있을 정도로 해양생물이 풍부하다. 남극 지방에서 만들어진 염도가 높은 찬 해류가 따뜻한 해류와 만나는 곳이기 때문에 플랑크톤류의 작은 생물들이 풍부하다. 특히 작은 새우인 크릴은 그 막대한 양과 고단백질 식품으로 유명하다. 이 크릴은 아델리펭귄과 고래의 주식이기도 하다. 특히 길이 27m가 넘는 청색고래는 하루 2,000kg의 크릴을 섭취한다고 한다. 무게 50kg이 넘는 남극 물고기는 많은 연구의 대상이 되고 있으며, 특히 물고기들의 혈액이 얼어버리는 온도에서 어떻게 생존할 수 있는가 하는 것은 중요한 연구 주제 중의 하나다.

개발을 기다리는 자원 보고[*]

맥머도 기지에서 야외 탐사를 위한 준비로 몇 주일간을 보낸 후 내륙 쪽 약 40km 떨어진 바다얼음 위로 출발했다. 그곳 얼음의 두께는 평균 2m 정도였으나 1월 말이 되면 쇄빙선에 의해 수송선이 들어올 수 있을 정도로 얼음층이 얇아지기 때문에 빠른 시일 안에 탐사를 끝마쳐야 하는 제약이 있었다.

우리의 이동 대열은 3대의 궤도 차량과 2대의 썰매 차, 2대의

---

[*] 《경향신문》칼럼 1984년 1월 12일.

트레일러, 그리고 3대의 스노모빌로 이루어진 긴 행렬이었다. 실제로 야외에서 보는 그곳 풍경은 정말 아름다웠다. 끝없이 펼쳐진 눈밭과 멀리 보이는 대산맥의 웅장함, 그 사이사이의 빙하에서 반사되는 햇빛, 에레버스 화산에서 끊임없이 뿜어져 나오는 흰 연기 등등 모든 것이 함께 조화되어 한 폭의 그림을 보는 느낌이었다. 무엇보다도 인간의 발자국이 거의 닿지 않은 처녀지를 처음 밟는 희열은 다른 지구촌 어떤 곳에서도 느낄 수 없는 것이었다.

우리 연구팀은 6명의 대학원 학생과 대학교수이신 선임연구원 맥기니스 교수, 그리고 전자 기술자 등 모두 8명. 우리 지구물리 탐사팀은 8명의 4주일분 식량과 연료를 썰매 차에 나누어 실었고, 한 대의 트레일러에는 탐사 장비를 장착하고 또 다른 트레일러는 식당과 조리실 및 침실로 쓸 수 있도록 했다. 그 밖에도 썰매 차와 트레일러를 끌기 위한 대형 궤도차와 2대의 소형 궤도차, 그리고 인원의 신속한 이동에 필요한 스노모빌 등이 뒤따랐다.

잠은 얼음 위에 매트리스를 깔고 그 위의 슬리핑백에 들어가서 자는데 생각보다 무척 따뜻했다. 그러나 그곳에서 가장 곤란한 문제는 화장실 사용이었다. 대변을 보기 위해 변기 모양의 작은 의자를 들고 야외로 나가야 하는데, 바람이 휘몰아치는 허허벌판 눈밭에서 바지를 내리고 앉아 있어야 하는 고통 때문에 대단한 용기가 필요한 작업이었다. 이 같은 고통도 며칠 지나자 인내심을 가지고 생리적 욕구를 억누르다가 몇 초 내에 일을 처리하는 요령을 저절로 습득할 수 있었다. 그러나 그 배설물이 영원히 그곳에 기념으로 보존된다는 생각을 해보면 매우 뜻깊은(?) 작업이었는지도 모른다.

남극의 빙하를 잘라보면 매년 쌓인 눈에 의해 나무의 나이테와 같이 층으로 구분되는데 각층에 포함된 미량 물질을 분석함으로써 그해 지구 전체의 공해 정도를 측정하기도 한다.

남극은 알려진 대로 자원의 보고다. 현재 확인된 자원만 보더라도 석탄의 양은 단일탄전으로는 세계 최대 규모다. 그 외에도 금, 은, 동, 철, 아연, 납, 망간, 코발트, 니켈, 우라늄 등 거의 모든 광물이 발견됐다. 지난 1974년에 나온 미국 지질조사소의 보고서에 의하면 남극에서 채취 가능한 석유 매장량은 150억 배럴로 추산되고 있으며, 모 석유회사는 1979년 발표에서 매장량을 최하 500억 배럴로 추산한다. 미국 알래스카 북사면 유전의 매장량이 80억 배럴임을 감안하면 남극의 매장량이 얼마나 막대한지 알 수 있다. 일본은 지난 1980년부터 남극대륙 연안에 대해 야심적인 탄성파 탐사를 실시하고 있다.

특히 소련은 과거 알래스카를 미국에 팔아넘긴 것과 같은 실수를 되풀이하지 않기 위해서인지 현재 7개의 남극 기지를 보유하고 매우 활발한 연구를 진행 중에 있다. 그러나 현재의 모든 연구는 지구상에 남은 유일한 비오염 지역인 남극대륙의 환경을 보존하는 데에 집중되고 있다.

남극 조약기구 회의에서는 특별 동물 보호 구역 및 역사적 유

● 남극은 지구상 남은 유일한 비오염 지역으로 인류의 천연 실험실로 보존되어야 한다. 사진은 맥머도 기지에 설치된 남극조약 12개 원초 서명국 국기와 미국 남극 탐사 영웅 버드Byrd 제독의 흉상.

물 보호 구역을 설정하여 보호하고 있다. 그러나 이곳은 어느 국가의 영토에도 속하지 않으므로 보호 규정을 위반한 각국인은 자기 나라 법에 의해 처벌받도록 되어 있다.

    현재 몇몇 과학자들은 남극대륙을 인류의 영원한 실험실로 남겨야 한다고 주장하고 있으나 궁극적으로 남극의 자원은 인류의 생존을 위해 개발되어야 한다는 데 의견의 일치를 보고 있는 것 같다. 사실 각국이 치열한 연구 경쟁을 벌이고 있는 것은 남극 개발 시대에 앞서 선취득권을 얻으려는 속셈에서다. 우리나라도 기지 확보까지는 하지 않더라도 틈틈이 국제협력을 통해 연구 조사에 참여하는 적극적인 자세를 갖추어나가야 할 것 같다.

유치 과학자로
귀국

1987년 초 박사 논문을 준비하면서 미국 대학에 남아 박사후 과정을 밟으려 계획했다. 그러다 우연히 한국이 남극 연구를 시작한다는 소식을 듣게 되었다. 그때로서는 한국이 남극에 간다는 것은 생전에 꿈도 못 꿀 일이라 생각하고 있었다. 그 소식을 듣고 당연히 한국의 동력자원연구소(현 지질자원연구원)에서 남극 연구를 주관하는 것으로 생각하고 연구소장에게 남극 연구에 관해 묻는 편지를 보냈다. 그리고 한참 동안 그 사실을 잊고 지냈다.

얼마 후, 뜻밖에 해양연구소로부터 답장을 받았다. 그 내용은 해양연구소에서 남극 기지를 짓게 되었으니 무조건 귀국해달라는 것이었다. 그도 그럴 것이 당시 한국에서 남극을 가본 과학자는 한

● 1987년 루이지애나주립대학에서 지구물리학 박사학위를 받았다.

● 1987년 7월 유치 과학자로 귀국해 해양연구소에서 근무를 시작했다.

국해양소년단 관측대 일원으로 킹조지섬King George Island을 방문했던 해양연구소 장순근·최효 박사가 전부였다. 별생각 없이 편지를 보냈다가 막상 연구소로부터 답을 받고 보니 당황스러웠다.

당시에는 외국 박사가 많지 않은 시절이라, 국가 과학기술 발전을 위해 정부에서 그들의 귀국을 지원하는 유치 과학자 제도라는 것이 있었다. 정부가 해외 박사급 인재들을 국내로 데려오기 위해 귀국 소요 비용을 지원하고 귀국 후 일정 기간 집을 제공하는 제도였다. 나는 해양연구소 측에 유치 과학자로 돌아가면 좋겠다는 답을 보냈다.

그러나 이미 시기상 그해 유치 과학자 배정이 끝나 불가능하다는 답이 돌아왔다. 그렇다면 유치 과학자로 귀국할 수 있도록 다음 해에 지원하겠다는 답장을 보냈고, 다시 해양연구소 소장으로부터 무조건 유치 과학자로 오도록 해줄 테니 빨리 귀국해달라는 연락을 받았다. 아내도 루이지애나주립대학교 특수교육과 대학원에서 1986년에 이미 석사학위를 받은 상태였다.

그렇게 1987년 6월 박사학위를 받자마자 7월에 유치 과학자로 귀국하여 해양연구소 극지연구실에서 연구를 시작하게 되었다. 해양연구소 내에 극지연구실은 1987년 4월경 신설되었고, 그해 8월 실장으로 육사를 전역하신 박병권 박사와 유치 과학자로 귀국한 내가 합류하게 된다. 당시 정직원 4명과 위촉직원 4명 정도로 시작했던 것으로 기억한다. 비록 적은 인원이었지만, 모두 의욕만은 대단했다. 그러나 남극에 대한 경험이 없었던 관계로 고전을 면치 못하고 있었다.

2장

아무도 가지 않은 길

우리나라의
남극 진출 초기 역사

　남극은 한반도의 60배가 넘는 방대한 대륙으로 총면적의 98%가 평균 두께 2,160m의 빙하에 덮여 있는 땅이다. 남극대륙은 1959년 남극조약 체결 전까지 호주, 뉴질랜드, 칠레, 아르헨티나, 영국, 프랑스, 노르웨이 7개 나라가 영토권을 주장하고 있었다. 남극점을 중심으로 부채꼴 모양으로 각자 영토권을 갖고 있었으며 남극반도 일부 지역은 칠레, 아르헨티나, 영국의 영토권이 중첩되어 있기도 했다.

　제2차 세계대전 이후 미국과 소련은 남극대륙에 아직 영토권 주장이 없었던 메리버드랜드의 영토권을 선점하기 위해 기회를 엿보던 중, 1957년 소련이 인류 최초의 인공위성 스푸트니크를 발사

함으로써 우주와 같은 인류 공용 공간에 대한 문제가 제기되었다. 그 후 남극도 인류 공동 활용 지역으로 만들기 위해 여러 차례 회의를 거쳐 마침내 1959년 12월 1일 미국 워싱턴 DC에서 12개 남극 관심 국가들이 모여 남극조약을 체결하였다.

1961년 6월 23일 발효된 남극조약의 주요 내용은 남위 60도 이남 지역에서 기존의 영토권을 동결하고, 과학 연구의 완전한 자유 보장과 군사 활동 금지 등 평화적 목적의 이용이다. 이 조약에 따라 조약 가입국들은 과학적 연구 목적으로는 누구의 통제를 받지 않고 남극에 접근할 수 있는 권리를 누릴 수 있게 되었다. 이러한 남극에 대한 인류의 보편적 권리는 미소 냉전의 산물인지도 모른다.

그 후 남극 지하자원 개발의 가능성이 제기됨에 따라, 지구상 유일한 비오염 지역인 남극의 원시적 자연환경을 보존하기 위해 1998년 '남극 환경보호 의정서'가 체결되어 남극조약의 일부로 포함되었다. 현재 남극은 기후변화(지구온난화)와 연관되어 크게 주목을 받고 있는데 특히 다소 북쪽으로 치우친 남극반도는 지구상에서 가장 빠르게 온난화가 진행되는 지역이다.

현재 남극조약에는 남북한을 포함한 총 57개국이 가입되어 있으며 남극조약 사무국은 아르헨티나 부에노스아이레스에 설치되어 있다. 우리나라도 1986년 11월 28일 남극조약에 가입하였으며 이를 근거로 남극 연구를 위해 1988년 2월 세종과학기지를 건설하였다. 남극조약 가입국들은 남극에서 실질적인 과학 연구 활동을 수행하는지에 따라 일반 가입국과 협의 당사국으로 구분된다. 협의 당사국은 UN 이사국과 유사한 개념으로 매년 남극조약 운영 회의에 직접 참석해 투표권을 갖는다. 이 회의를 '남극조약 협의 당사국 회의'라고 부른다. 현재 협의 당사국은 우리나라를 포함 총 29개국이며 나머지 28개국은 비협의 당사국, 즉 일반 가입국이다. 남극조약 협의 당사국 회의는 매년 나라별로 돌아가며 개최하고 있다.

우리나라 세종기지 설립과 남극 연구의 시작은 1985년 11월 한국해양소년단 남극 관측 탐험대로 거슬러 올라갈 수 있다. 당시 해양소년단 윤석순 총재의 주도로 남극 최고봉 빈슨산 Vinson Massif 정복을 위해 산악인 중심의 탐험대가 출발하였다. 탐험대에는 과학자로 당시 해양연구소에서 박사 두 분이 참여하였다. 탐험대 조직을 위해 해양소년단에서는 과학자 참여를 원했고 해양연구소에서 전문가 파견에 응한 덕분에 해양연구소가 후에 남극 연구 주관 기관이 될 수 있었다. 이후 우리나라는 1986년 남극조약에 가입했으며 1989년 협의 당사국 지위를 얻었다.

해양소년단 남극 탐험 후 당시 탐사대장으로 국무총리 비서실장이었던 윤석순 총재는 1986년 전두환 대통령을 독대하여 장시간에 걸쳐 해양소년단의 남극 관측 탐험 관련 내용을 보고하고, 남극 기지 건설의 필요성을 역설하여 마침내 이에 대한 재가를 받았다. 돌아가신 윤석순 총재의 회고록을 보면 당시 과학기술처 혹은 상공부 등 주무부서 장관 결재란 없이 대통령 결재란만 덜컥 있는 전례 없는 서류를 들고 청와대에 들어갔다고 한다. 이후 기지 건설은 전두환 대통령의 커다란 관심과 지시로 급물살을 타 과학기술처 주관으로 해양연구소가 사업을 시작한 지 불과 1년만인 1988년 초에 완공하게 되었다.

이렇게 경험이 전혀 없는 상태에서 남극 연구를 시작한 나라도 없거니와 건설 계획 후 1년 만에 초스피드로 기지를 건설한 나라도 전 세계에서 유례를 찾아볼 수 없다.

● 한국 최초의 남극 조사는 1985년 윤석순 총재가 이끄는 해양소년단 남극 탐험대가 킹조지섬을 방문한 것이다.

남극 세종과학기지
설립

남위 62° 13', 서경 58° 47'에 위치한 남극 세종과학기지는 우리나라에서 지구 정반대편 가장 멀리 떨어진 곳으로 서울에서 무려 1만 7,240km 떨어져 있다. 시간도 우리나라와 정확히 12시간 차이로 밤과 낮이 다르다. 세종기지가 위치한 킹조지섬은 서남극의 남극반도와 평행으로 발달한 남셰틀랜드 군도 South Shetland Islands에서 가장 큰 섬으로 길이 80km, 폭 25km, 크기 1,150km² 정도다. 제주도의 절반보다 조금 크며, 섬의 80% 정도가 빙하로 덮여 있다. 남극반도와는 약 120km 떨어져 있다. 킹조지섬에는 현재 세종기지를 포함 아르헨티나, 브라질, 칠레, 중국, 에콰도르, 페루, 폴란드, 러시아, 우루과이 등 10개국이 기지를 보유하고 있어 남극에서 가장 붐비는 곳이기도 하다.

　킹조지섬에서 가장 큰 칠레의 프레이Frei 기지에는 최대 150명이 상주하며 공군 활주로, 우체국, 교회가 있고, 특히 장교 가족 12가구가 살고 있어 학교와 슈퍼마켓도 운영하고 있다. 또한 바로 옆 러시아 기지에도 동방정교회 교회가 있다. 칠레, 러시아, 중국, 우루과이 기지가 몰려 있는 킹조지섬 서안의 필데스Fildes반도는 구글 스트리트 뷰로도 볼 수 있을 정도로 붐비는 곳으로 여름철 많은 관광객이 많이 찾는 곳이다. 킹조지섬의 기후도 남극에서 가장 따뜻해 8월 평균기온 -6.8℃, 2월 평균기온 1.1℃로 비교적 온화한 날씨를 보인다. 그러나 남극 저기압대가 지나는 곳이라 항상 흐리고 눈비가 많으며 무엇보다 연평균 풍속이 초속 10m 정도로 바람이 강한 곳이다.

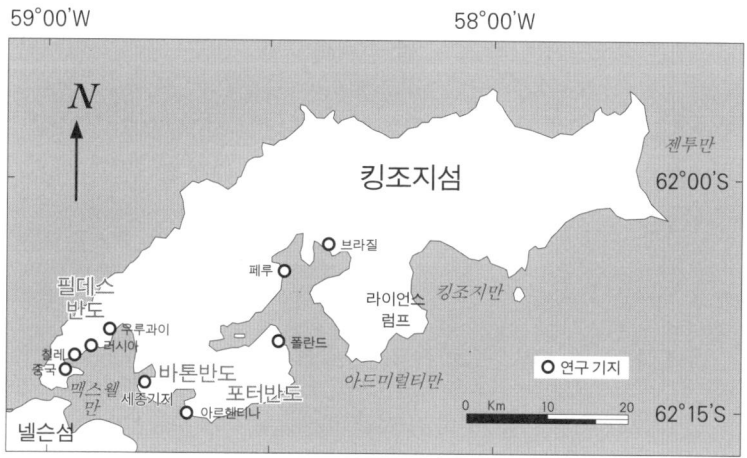

● 남극 킹조지섬에는 세종기지를 비롯한 10개국 기지가 있다.

빈슨산 정복에 성공한 해양소년단 탐험대가 베이스캠프를 설치했던 인연으로 킹조지섬에 세종기지 건설이 추진되었다. 1986년 탐험대가 귀환한 이후 이미 남극 여름이 지나가 버려 건설지 선정을 위한 현지 조사가 불가능했다. 따라서 1987년 4월 23일부터 5월 7일까지 현지 조사단 8명(해양연구소 3명, 현대엔지니어링 4명, 외무부 1명)이 구성되어 킹조지섬을 다녀와 바톤반도Barton Peninsula를 후보지로 선정하였다. 원래 우리는 칠레, 러시아(당시 소련), 중국(당시 중공) 기지들이 모여 있는 필데스반도에 짓기를 희망했지만, 그곳 기지들이 반대 의사를 표명해 바다 건너 바톤반도로 정해졌다고 한다. 바톤반도는 칠레 공군 비행장이 있는 필데스반도에서 바다 건너 약 10km 떨어져 마주 보고 있어 보트로 약 30분 정도면 건너갈 수 있다. 하지만 바람이 불어 파도가 거칠어지면 칠레 비행장에 내려 세종기지를 빤히 보고도 건너갈 수 없다.

바톤반도는 평지가 넓게 펼쳐져 건물 짓기에는 무리가 없지만, 식수를 얻을 수 있는 깊은 호수가 없는 것이 커다란 단점이었다. 따라서 해수 담수화 장비를 설치해 용수 문제를 해결해야만 한다.

기지 건설을 위한 예산은 사업을 시작하던 당시 이미 1987년 국가 예산이 확정된 이후라 청와대 예비비에서 55억 원을 건설비로 배정하였다. 너무 조급한 일정을 맞추다 보니 당연히 설계는 물론 건설비 산출도 정확히 할 수 없는 상태에서 예산은 어림잡아 정해졌다. 이후 건설사로 현대건설이 선정되고 1988년 2월까지 완

● 1987년 세종기지 건설선 HHI 1200호 울산항 출항식에 나와 박병권 박사가 참석했다.

공을 목표로 거꾸로 계산하다 보니 건설 자재를 실은 건설선(HHI 1200호)이 1987년 10월 6일 울산항을 급히 출발해야만 했다. HHI 1200호는 현대중공업이 소유한 배로 무려 1,200톤 용량의 거대한 크레인이 달려 있어 당시 칠레 발파라이소항에 중간 기착했을 때 칠레에서도 큰 뉴스거리였다고 한다.

5월 초 남극 현지 조사단이 다녀온 후 건설선 출발까지 5개월 남짓한 기간 동안 설계, 자재 구매, 건설선 수배, 인력 동원까지 정말 숨 가쁜 시간이었다. 극지 건설 경험이 없으니 당연히 설계도 난감한 수준이었다. 급한 대로 경험이 풍부한 일본 극지연구소에서 자문을 받아야 할 상황이었다. 설계를 맡았던 현대엔지니어링 직원 몇 명이 해양연구소 직원인 양 명함을 들고 일본 극지연구소를 방문해 많은 자료를 얻어 오기도 했다.

건설선은 그해 12월 15일 킹조지섬에 도착해 건설 공사를 시작하였고 1988년 2월 17일 세종기지를 완공하였다. 불과 2달 만에 남극 기지를 건설한 것은 동서고금을 막론하고 세종기지가 전무후무한 기록으로 남을 것이다. 세종기지 설립으로 우리나라는 세계에서 남극에 상주 기지를 운영하는 18번째 나라가 되었다.

세종기지 준공 후 건설 비용 정산 문제로 현대건설이 해양연구소에 소송을 제기하였다. 현대건설은 현지 조사단의 실사를 토대로 공사비 약 65억 원을 예상했지만, 정부에서 배정받은 예산은 55억 원이다 보니, 우선 급한 대로 55억 원으로 하고 추후에 추가 비용을 정산한다는 조건으로 해양연구소와 계약을 체결했었다. 공사 후 현대건설이 추가 공사비 10억 원을 요구하는 소송을 제기하게 된 것이다.

당시 국내 정치 상황을 보면 전두환 대통령이 임기 끝나기 직전 본인의 호를 딴 일해재단을 만들면서, 재벌들에게 반강제적으로 모금을 했다는 것이 밝혀지면서 큰 사회문제가 되었다. 그때 현대건설 정주영 회장은 일해재단에 약 50억 원을 헌금한 것으로 밝혀지면서 세종기지 건설비 10억 원 소송 건은 큰 빈축을 받았다. 당시 현대건설 사장은 이명박 전 대통령이었는데 현대건설 측은 증빙 서류 미비로 10억 원 추가 비용을 증명할 수 없어 결국 소송에서 패하게 되었다. 이후 이명박 전 대통령과 남극 기지의 인연은 대통령 재임 기간 중에 남극 장보고기지 건설에서도 이어진다.

남극 연구 사업의 시작

세종기지 건설 공사와 별개로 연구 사업에 대한 준비도 시작되었다. 남극 연구를 위해 1987년 가을 과학기술처로부터 첫해 약 3억 원가량(?)의 연구비를 받아온 것으로 기억하는데, 당시로는 매우 큰 연구비였다. 연구비는 받아왔지만 사실 어떤 경로로 무얼 타고 남극 현장에 가서 무슨 연구를 할 수 있을지에 대한 구체적 계획이나 경험도 없는 난감한 처지였다. 당시 우리나라에서는 남극까지 갈 수 있는 배를 구할 수 없었다. 장님 코끼리 다리 더듬는 심정으로 우선 해양 연구를 위해 배를 구해야 하겠다는 생각에서 내가 홀로 칠레 남쪽 끝 푼타아레나스Punta Arenas라는 항구도시로 날아가게 되었다.

● 남극 연구 초기에 칠레 푼타아레나스에서 세종기지까지 연구팀과 보급품을 수송하고 해양 연구를 수행하기 위해 임대했던 크루즈 데 프로워드호.

1987년 당시만 해도 우리나라와 칠레 간에는 교류가 거의 없었을 뿐만 아니라 칠레 남쪽 끝 도시인 푼타아레나스를 가본 사람은 더더욱 없었다. 그 후 매년 우리 연구진들이 칠레를 경유해 남극 세종기지를 드나들면서 칠레에 한국을 알리는 데 큰 역할을 하게 되었다. 특히 푼타아레나스는 세종기지 덕에 국내에도 잘 소개되어 지금은 많은 한국 관광객들이 찾아간다고 한다.

서울에서 얻어간 정보를 토대로 푼타아레나스의 한 선박 회사를 찾아가 배를 알아보았다. 칠레에서 남극까지 갈 수 있는 배는 크루즈 데 프로워드Cruz de Froward라는 약 800톤(?) 정도의 조그만 배밖에 없다고 했다. 그 배는 뒤 갑판이 넓어 화물을 싣고 주로 석유 시추 플랫폼에 보급을 했다. 물론 얼음 지역에 들어갈 수 있는 내빙선도 아니었다. 하지만 다른 선택의 여지가 없었다. 나중에 들어본 바에 따르면 그 배를 타고 남극에 갔다 무사히 돌아올 수 있었던 것은 행운이었다. 푼타아레나스에서 배를 타고 세종기지를 가려면 남미대륙과 남극반도 사이에 놓인 드레이크Drake해협을 건너야 하는데, 이 해협은 세계에서 가장 험한 바다로 악명 높은 곳이다. 항상 파도가 거세고 물결이 높게 일어 이곳을 항해하려면 높은 파도가 선박의 연돌(배기 굴뚝)을 넘어 들어갈 수 없도록 연돌이 높아야 하는데, 그 배는 갑판이 매우 낮고 연돌도 낮은 배였다. 만약 높은 파도가 배의 연돌로 들어가면 엔진이 꺼지기 때문에 치명적인 상태가 된다.

약 20여 명의 우리 과학자를 태우기에는 선실도 부족해 갑판에 임시 컨테이너 숙소를 설치했는데 식당으로 오고 가려면 갑판 위로 넘나드는 파도를 건너가야만 할 정도였다. 그래도 선택의 여지가 없어 그 배를 3년간 남극 하계 기간 동안 사용할 수밖에 없었다. 간신히 배 위에 조그만 윈치를 하나 붙이고 연구 장비는 모두 국내에서 가져가 배에 임시 설치하고 사용하였으니 정말 열악한 환경이었다.

게다가 작은 배이다 보니 파도에 심하게 흔들려 푼타아레나스 항을 떠나 세종기지까지 드레이크해협을 건너는 5일간은 뱃멀미로 아무것도 먹지 못하고 오직 누워서 가야만 했다. 워낙 배가 심하게 흔들리다 보니 소위 배를 잘 탄다는 사람들조차 모두 쓰러져 힘을 쓰지 못했다. 사정이 그렇다 보니 오고 가는 도중에 해양 조사는 엄두도 낼 수 없고 오직 살아서 도착하기만을 바랄 정도였다. 그 후 시간이 지나면서 좀 더 큰 영국, 러시아 선박들을 임차하면서 조금 나아지기는 했지만 역시 드레이크해협은 가장 건너기 힘든 거친 바다이다.

● 1988년 2월 준공 후 2018년 대규모 증·개축을 한 세종기지의 앞바다가 얼어붙기 시작했다.

두 번의
남극 세종기지 월동대장

 1987년 7월 귀국하여 연구소에 들어간 지 1년 후 세종기지 2차 월동대 대장으로 지원했다. 1988년 12월부터 1년간 세종기지에 파견되었다. 그 후 1996년에도 세종기지 9차 월동대장을 맡았다. '남극 기지 월동대'는 1년간 기지에서 지내며 기지를 유지하고 연구와 관측을 수행하는 팀을 말한다. 여름 2~3개월만 기지를 방문해 연구하는 '하계대'와는 달리 월동대는 남극에서 고립된 채 겨울을 보내게 된다. 월동대는 보통 15명 내외로 구성되는데 5명 정도의 연구원들과 10여 명의 지원 인력, 즉 의사, 요리사, 통신·발전·설비·전기·중장비 기술자들이 포함된다.
 남극 기지 월동대가 기지에 도착하면 먼저 지난 차 대와 업무

● 세종기지 2차 월동대 대장으로 1988년 12월부터 1년간 세종기지에서 지냈다.

● 아라온호가 1년에 한 차례의 세종기지 보급을 위해 기지 앞에 도착했다.

● 세종기지에는 부두 접안 시설이 없어 보급품은 보트 혹은 수륙양용차(아래)를 이용해 물자를 하역하였다.

인수인계를 한 후 본격적으로 남극 생활을 시작하게 된다. 기지 도착 후 남극의 풍광과 대자연에 감탄할 틈도 없이 산적한 업무를 처리하게 되는데, 그 이유는 남극의 짧은 여름(12~2월) 안에 앞으로 다가올 긴 겨울을 지내기 위한 모든 준비 작업을 해야 하기 때문이다. 또한 여름 기간에 집중된 하계 연구팀의 연구 활동도 지원해야 한다.

월동대의 첫 번째 가장 중요한 작업은 보급 물자와 연료의 하역이다. 보통 6개월 전 한국에서 포장되어 컨테이너로 일반 화물선편에 칠레로 보낸 보급품은 연구선에 다시 옮겨 싣고 남극으로 수송하여 기지에 내리게 된다. 세종기지의 부두는 수심이 낮아 배가 직접 접안할 수 없기 때문에 바지선을 이용해 육지로 하역한다. 당시에는 중장비가 없어서 모든 물품을 오직 손으로 들고 내려야 했기 때문에 모든 화물이 200kg을 넘지 않도록 종이 박스에 포장해서 보냈다. 지금은 기지에 크레인 등 중장비가 많이 들어가 있어 하역이 훨씬 수월하게 이루어진다.

보통 바지선은 자체 동력이 없기 때문에 고무보트로 바지선을 밀어서 부두에 갖다 붙이게 된다. 하지만 강풍과 파도로 인해 바지선 운영이 가능한 날이 많지 않다. 수시로 변하는 남극의 날씨 때문에 바지 하역 작업이 가능한 날에는 남극 여름의 백야를 이용해 24시간 불철주야 하역 작업을 하기도 한다. 당시 보급품의 분량은 연료를 제외하고 식료품, 생활 소모품, 사무용품, 연구 소모품 등

1년에 20피트 컨테이너로 대략 6~7개 정도 되었던 것으로 기억한다. 초기에는 냉동 컨테이너도 없이 칠레에서 구입한 육류를 10여 개의 가정용 냉동고에 넣어 선박으로 운반해야만 했다. 김치는 통조림으로 가져가야 했으니 당연히 삶은 김치뿐이었다. 1년 소모 연료는 주로 발전기를 돌리기 위해 약 300톤 정도의 저온용 경유가 필요하다.

기지 보급품은 1년에 한 번만 들어갈 수 있기 때문에 식료품 및 모든 소모품은 세심하게 검토되고 양을 계산해야만 한다. 첫 번째 월동대의 경우를 보면 경험이 없다 보니 보급품의 양을 추정하는 게 쉽지 않았다. 식품의 경우 추운 지역임을 감안하여 대원 1인당 하루 열량 4,000kcal를 기준으로 준비하였다. 4,000kcal라면 보통 산악인들이 에베레스트 같은 원정 등반 시 필요로 하는 소모량이다. 당시 연구소 구내식당을 관리하시던 영양사가 참여하여 15명 1년 치 식자재를 계산하여 충분히 보냈는데, 나중에 보니 결국 턱없이 모자라는 양이었다.

이와 같이 남극 활동에서 이론과 실제의 차이는 생사를 가르는 요소가 될 수 있다. 그나마 첫 월동대가 살아남을 수 있었던 비결은 기지 건설 공사를 위해 들어와 있던 건설선으로부터 많은 양의 식자재를 기지로 슬쩍 빼놓았기 때문이었다. 현지에 도착한 월동대 요리사가 연구소에서 보낸 식품양이 절대적으로 적다는 것을 간파했고, 이동화(현 극지해양미래포럼 이사장) 대원 등 몇 명이 건설

● 남극 연구 초기 세종기지 주변에서 지질 조사 활동을 하고 있다.

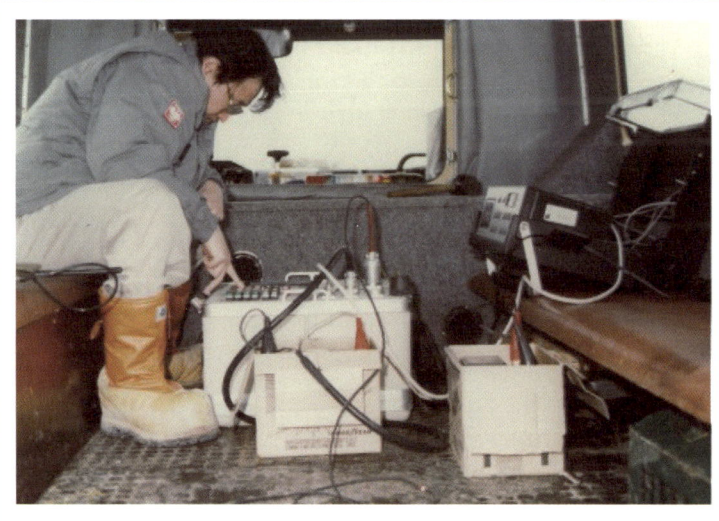

● 세종기지 2차 월동대 대장 당시 설상차 내에 설치된 탄성파 장비를 점검하고 있다.

선이 떠나기 직전 야간에 몰래 배에 올라 냉동고에서 부지런히 육류 등을 기지로 옮겨놓았다고 한다.

1988년 2차 월동대장으로 기지에 도착해보니 첫 월동대의 꼴이 말이 아니었다. 복장도 남루한 데다 모두 수염까지 덥수룩한 게 흡사 거지꼴이었다. 담배가 떨어져 중국·러시아 기지에서 얻어 피우는 실정이었고, 식자재도 거의 떨어지고 유일하게 많이 남아 있던 것은 소주뿐이었다. 처음 월동대를 보낼 때 매끼 1인당 소주 2잔씩을 마시는 것으로 계산하여 보냈는데 반 정도밖에 소비되지 못했다. 실제로 남극처럼 고립된 지역에서 지내다 보면 무엇보다 각자의 건강관리에 충실하게 되고, 되도록 술도 자제하게 된다. 그나마 2차 월동대에서는 지난 월동대 자료를 바탕으로 보급품의 균형을 조금 맞출 수 있었다.

남극에서 가장 활발히 연구 활동이 진행되는 기간은 역시 여름이다. 월동대와 구별하기 위해 하계대라고 부르는 50~80명 정도 연구원들은 매년 12월부터 다음 해 2월 말까지 상대적으로 따뜻한 기간 동안 기지를 중심으로 집중적인 연구 활동을 하게 된다. 이 기간 중 월동대원들은 원활한 연구 활동을 지원하기 위해 고무보트를 운용해 해양 연구를 돕거나 설상차로 연구원들을 기지에서 먼 곳까지 데려다주기도 한다. 모든 인원이 한꺼번에 기지로 들어오고 나가는 게 아니기 때문에 항공기가 들어오면 수시로 보트를 띄워 칠레 기지로 연구원들을 수송해야 한다. 기지에서도 일시적으로 많은 인원의 식사를 준비하는 게 큰일이고 식사는 매끼 2교대로 이루어진다. 기지 통신실은 야외 활동을 하는 모든 연구원과 정기적으로 무전기를 통해 안전을 확인하는 등 월동 기간 중 가장 바쁜 날들을 보낸다.

3월이 가까워지면 하계 연구원들은 하나둘 남극을 떠나고, 이때부터 해는 하루가 다르게 짧아지며 월동대원들은 곧 맞이할 암흑의 겨울을 대비하여 더욱 분주한 시간을 보내야 한다. 남극의 긴 겨울이 시작되면 대원들은 날씨와의 싸움, 시간과의 싸움 그리고 자신과의 싸움을 벌인다. 세종기지에서 겨울철 하루 중 햇빛을 볼 수 있는 시간은 채 4시간도 안 되며 그마저도 수시로 몰아닥치는 초속 20m 이상의 강풍과 한 치 앞도 안 보이는 눈보라(블리자드)로 인하여 대부분의 시간을 실내에서 보내게 된다.

블리자드가 불기 시작하면 불과 두어 시간 만에 허리 높이가 넘는 눈이 쌓이고 앞을 볼 수 없어 불과 10여 m 떨어져 있는 식당에 가는 것도 큰 위험이 되기도 한다. 밤에는 거친 바람 소리가 들리고 지진이 난 듯 쉴 새 없이 건물이 흔들려 밤잠을 설치기도 한다. 이런 블리자드는 한번 시작되면 일주일 이상 계속되기도 하여 대원들은 실내에서 유익하게 시간을 보내는 방법을 찾으려고 한다. 다행히 1999년부터 세종기지에 설치된 위성통신망을 통해 인터넷에 연결되어 요즘은 실시간으로 한국의 소식을 접할 수 있고 가족들과 연락을 주고받을 수 있게 되어 초창기에 비해 외로움과 고립

● 남극의 겨울에 블리자드(눈보라)가 몰아치면 한 치 앞도 볼 수 없는 날이 일주일씩 계속된다.

감이 덜하다고 한다.

날씨가 좋은 날에는 대원들의 사기 진작을 위해 야외 활동을 하게 된다. 주로 기지 부근 만년설 위에서 스키를 타거나 기지 인근 해안선과 산을 따라 등산을 하기도 하며, 바다가 얼기 전이면 바다가 잔잔한 틈을 타 인근 타국 기지를 방문하여 국제 교류의 시간을 갖기도 한다. 시간이 흘러 다시 11월이 되면 대원들은 지난 1년 동안 진행했던 연구를 마무리하고 기지 내 시설물과 장비들을 정비하고 새롭게 단장하여 다음 월동대에게 완벽한 기지를 물려주려고 노력한다. 이렇게 남극에서 1년을 지내면 다시 새로운 월동대가 도착하여 우리나라의 남극 연구를 계속 이어가고 있다. 지금 이 시간에도 눈과 얼음으로 둘러싸인 남극 기지에서 고군분투하는 자랑스러운 대한민국 세종·장보고기지 대원들에게 감사와 응원의 박수를 보낸다.

지구 최후의 변경 〈남극 일기〉, 세종기지 김예동 박사팀 리포트*

남극 기지 월동 중 신문에 연재된 칼럼을 통해 기지 생활의 일부를 엿볼 수 있다. 멀리 떨어진 곳이지만 당시 국내 생활상의 모습이 남극 기지에서도 드러나는 것을 볼 수 있다. 당시에는 위성 인터넷이나 전자우편도 없었으며, 세 달 후에나 도착하는 한국 신문과 간혹 희미하게 들리는 KBS 단파 방송을 통해 고국 소식을 알 수 있었던 시절이었다.

이 글은 지금으로부터 36년 전에 작성되었다는 특수성을 감안하기 바란다.

---

* 1989년 《일간스포츠》에 연재된 기사 시리즈이다.

2km 얼음에 덮인 남극에 산다

　　백색의 대륙 '남극'. 우리나라 면적의 60여 배(1,350만 km²)나 되는데 대륙 전체가 평균 2,000m의 얼음으로 덮여 있다. 여름철(보통 12~3월)에도 전체 지면의 2%만이 노출되는 미지의 섬. 모든 것이 얼음 속에 갇혀 있어 지구의 생성 비밀을 알려줄 마지막 로제타(열쇠)인 '냉동된 타임캡슐Frozen Time Capsule'이라 불리고 있다. 하나님은 유대 민족에게 젖과 꿀이 흐르는 약속의 땅 '가나안'을 주셨지만, 남극은 21세기를 향하는 우리에게 하나님이 주신 마지막 약속의 땅이라 생각된다. 이 약속의 땅에서 남미 칠레를 가장 가까이 마주한 작은 섬 킹조지섬에 바로 우리나라의 미래를 짊어진 대한민국 남극 세종과학기지가 자리하고 있다. 우리나라 주권이 미치는 최초이자 가장 먼 해외 상주 기지인 것이다.

　　이곳은 인구 14명(우리나라 남극 과학 연구 대원이 14명)의 조그만 마을이다. 인간과 문명의 발이 닿지 않는 깊은 산속의 부락쯤으로 연상할 수도 있겠으나 실제 인류문명 최신의 첨단 기기들이 정밀하게 운영되어야만 유지될 수 있는 하나의 견고한 요새라고 표현하는 게 마땅할 것 같다. 또한 높은 빙벽과 눈, 해빙에 둘러싸여 1년 내내 심한 바람에 시달리는 세종마을은 신비에 가까운 고요 속에 묻혀 황막한 도시처럼 보일 수도 있지만 그 내부에는 과학 연구와 생존을 위한 엄청난 작업들이 하루 24시간 쉬지 않고 진행되고

● 1989년 세종기지 제2차 월동대 단체 사진. 컬러 인화를 할 수 없어 흑백사진을 찍었다. 뒷열 오른쪽에서 세 번째가 기지 대장인 나이다.

있다.

고국에서도 잘 알듯이 우리나라 남극 개발의 교두보인 세종기지는 지난 1988년 2월 역사적인 준공을 마쳤다. 약 3개월 동안의 공사를 통해 본관동, 연구동, 하계동, 거주동 및 장비지원동 등 6개 건물과 2개의 전문 관측소 등 약 500평 규모의 연구 시설을 갖췄다. 이미 1차 남극 과학 탐사단(단장 장순근 박사, 44)이 지난해 2월부터 금년 2월까지 이곳서 각종 탐사 활동을 펼쳤고 우리 2차 대원들이 현재 한창 연구 작업 중에 있다.

킹조지섬엔 우리나라를 포함 8개국의 상주 기지가 있다. 세종마을은 섬의 서쪽 끝 맥스웰만을 사이에 두고 중국, 칠레, 소련, 우루과이 기지를 마주 보고 있으며 동쪽으로는 마리안 코브라는 조그만 만을 끼고 있다. 기지의 남쪽은 산으로 둘러싸였는데 그 산을 넘고 다시 조그만 만을 건너면 아르헨티나 기지, 남동쪽으로 빙하를 지나 약 30km 떨어진 곳에 폴란드, 그리고 30km 정도 더 떨어져서 브라질 기지가 자리하고 있다. 세종마을과 중국, 칠레 기지는 실제 직선거리로 10km가량이지만 그 사이의 맥스웰만은 수심 500m 이상의 깊은 바다이고 평균 3~4m의 거친 파도 때문에 왕래가 거의 없다. 다만 칠흑 같은 한밤중에 아스라이 깜빡거리는 불빛으로 망망대해의 고도에서 서로를 확인할 뿐이다.

세종기지에서 가장 중요한 장비는 역시 발전기. 발전기는 사람의 몸에 비유한다면 심장과 같은 것이다. 잠시라도 멈춘다면 모든 상하수도 시설은 동파되고 난방은 물론 취수가 불가능해져 기지 생명을 한시도 유지할 수 없게 된다. 따라서 기지에는 3대의 발전기 중 항상 2대가 비상시를 위해 대기 중이다. 이 밖에 6개 건물마다 독자적으로 가동되는 난방기, 보일러, 냉동고, 통신 장비, 소규모 병원 시설, 설상차, 고무보트, 복사기 및 각종 연구 장비 등 200여 종의 대형 장비들이 가동 중이다. 여기에다 2년 사용분의 각종 부품들을 합치면 수천 가지의 장비들이 14명의 인원으로 조작·관리되고 있다.

금년 겨울(6~9월) 남극의 날씨는 전 세계적인 이상기온의 영향을 받아서인지 높은 기온을 나타냈고 강풍이 불어댔다. 예년에는 7월 말께 이미 기지 앞바다가 얼어붙었으나 올해는 8월 말에도 얼지 않고 있으며 기온도 평균 -2~3℃ 정도. 그러나 평균 초속 10m의 바람이 계속되고 어떤 때는 30~40m의 강풍이 몰아치는 경우도 흔하다. 실제로 기온이 0℃ 정도라도 초속 10m의 바람이 불면 체감온도는 -15℃가 되므로 야외 활동이 크게 제한된다. 또한 실제 풍속은 지형적 영향에 따라 더욱 심해져서 좁은 계곡이나 빙하 근처에서는 엄청난 바람이 불어댄다.

지난 6월 이곳 폴란드 기지에는 초속 80m의 강풍이 불어 온실 건물이 날아가고 안테나를 묶어둔 500kg짜리 돌덩이가 날아가 버렸다. 또 밖에 세워놓은 지프 차가 낙엽처럼 굴러 300m나 떨어진 곳에 처박혔다고 한다. 페루도 역시 같은 지역에 지난 2월 '마추비추'라는 기지를 건설하고 1991년부터 월동팀을 파견할 예정이었으나 건물 3채 중 2채가 강풍에 휘어졌고 해변에 세워둔 대형 발전기가 파도에 휩쓸려 흔적도 없이 사라졌다. 이날 우리 기지는 약 35~40m 정도의 풍속을 기록했다.

올해 기온은 높은 편이나 거의 매일 저기압권에 들어 해를 볼 수 있는 시간은 고작 한 달에 5일 정도. 항상 안개와 눈, 바람이 불어댄다. 그러다가도 가끔 햇볕이 나고 바람이 잠잠해지면 야외에서 웃통을 벗고 일광욕을 즐기기도 한다.

고국서 오는 편지에 웃고 울고[*]

우리 대원 14명의 나이는 만 28세부터 38세 사이로 고국에서 엄격한 신체검사를 받고 선발된 신체 건강한 청년들이다. 지난 2월 이곳 세종기지로 파견되기 전에 공개 모집과 추천을 통해 선발되었다. 5만 리 떨어진 타향에서 수고하는 우리 대원들의 이름을 《일간스포츠》 지면에 싣고 싶다. 일반 독자들에겐 그다지 큰 관심거리가 아닐지라도 이곳 대원들의 향수를 달래주고 고국의 가족과 친척들에 더할 나위 없이 반가운 선물이 될 수 있기 때문이다.

기지장을 맡고 있는 필자 김예동(35)은 지난 1987년부터 해양

---

* 《일간스포츠》 1989년 10월 16일.

● 겨울철이라도 햇볕이 나고 바람이 불지 않는 날에는 남극에서도 일광욕을 즐긴다.

연구소 극지연구실의 책임연구원으로 근무하고 있다. 단단한 팀워크를 구성하며 남극 개발의 부푼 꿈을 실현하고 있는 다른 대원들의 이름과 맡고 있는 분야를 소개하면 강영철(30) 생물, 김정우(28) 지구물리, 김동호(37) 기상, 정회철(38) 총무, 한동희(28) 통신, 구세연(31) 전자, 김승환(27) 발전, 권수원(33) 전기, 장순국(33) 기계설비, 양승직(32) 기계설비, 박송배(30) 중장비, 임헌영(32) 조리사, 서창식(28) 의료이다.

우리 대원들은 건강상 큰 문제점 없이 지내고 있지만 역시 신선한 채소, 과일의 섭취가 어렵고 운동량이 절대 부족하여 체력이 많이 떨어지고 있다. 햇빛을 거의 볼 수 없고 채소 섭취의 부족으로 인한 비타민 C, D 등의 결핍을 막기 위해 매일 종합비타민제를 복용하고 있다. 또한 운동 부족은 간혹 날씨 좋은 날 주로 등산, 스키, 축구, 족구, 실내 탁구 등으로 해소하려 노력한다.

이곳에서 가장 큰 관심거리는 역시 먹는 것일 수밖에 없다. 식사는 고국과 마찬가지로 쌀과 김치, 통조림 등이며 특히 육류를 많이 소비하고 있다. 육류는 선호한다기보다는 장기 보전이 가능한 유일한 부식이기 때문에 1인당 하루 평균 400g씩 섭취하고 있다. 실제 상당히 많은 양이지만 저기압, 저온 지역에서는 열 소모량이 심해 고칼로리를 필요로 한다. 요즈음은 주방에서 콩나물을 길러 1주일에 2번 정도 먹고 있는데 지난주에는 주방장이 새로이 두부 제조에 성공, 기지 부식 개선에 혁혁한 성과를 올리기도 했다.

한 달에 한 번 실시하는 종합 신체검사 결과를 보면 거의 모든 대원이 4월까지는 2~3kg씩 체중이 불어났다가 5월 이후는 점차 줄어든다. 이러한 신체적 변화는 심리적 변화와 무관하지 않은 듯하다. 6월 이후에는 피로, 불면증, 무기력증이 심하게 나타나고 있으며 신경이 날카로워져 조그만 일에도 화를 잘 내게 된다.

그러나 대원들 간의 분위기는 좋은 편이지만, 약 8개월간의 고립 생활 후 모두들 단순한 성격으로 변하게 되는 것 같다. 쉽게 말해 전부 어린애들 같아져서 조금이라도 덜 먹고 더 먹는 것에 투정이 심해지고 아무리 작은 것이라도 똑같이 분배되지 않으면 불만이 심하다. 요즘 기지에는 "무언가 손해 보는 것 같다"라는 말이 유행어가 되어버렸다. 가령 평소 커피를 싫어하는 사람들도 이곳에서 식사를 마친 후 무언가 손해 보는 것 같아 커피를 마시고, 영화를 즐겨보지 않던 사람도 무언가 손해 보는 것 같아 열심히 비디오 영화를 본단다. 8월 중순부터는 체력 보강을 위해 인삼을 달여 일정한 저녁 시간에 한 잔씩 마시고 있다. 이때도 전원이 참석, 한 방울이라도 더 먹으려 아우성친다. 그러나 이 시간은 하루 일과를 끝낸 후 한자리에 모여 농담도 주고받으며 여유를 찾을 수 있는 가장 즐거운 시간이다.

모든 것은 공평하게 분배할 수 있으나 단 한 가지 공평하게 배급할 수 없는 것이 있다면 고국으로부터 오는 편지다. 고국의 편지가 도착하는 데는 대략 2~3개월이 소요된다. 우편물은 한 달에 한

● 남극 세종기지에서도 명절에 함께 모여 차례를 지낸다.

● 이따금 고국에서의 편지가 수송기로 도착하면 칠레 헬기가 각 기지로 배달해주는데, 세종기지 대원들은 이를 반가운 '까치'라고 부른다.

번꼴로 칠레 공군기 편에 공수되어 다시 헬기 편으로 각가지에 배달된다. 이때가 우리에게는 가장 즐거운 시간이다. 헬기 소리가 나면 모두 일손을 놓고 뛰어나가 우편물을 받는데, 또 한 번 기지장으로서는 가장 가슴 아픈 순간이 아닐 수 없다. 한 번에 15통 이상을 받는 대원이 있는가 하면 항상 한 통도 못 받는 대원이 반드시 있어, 이곳 세종기지에서는 가진 자와 못 가진 자의 차이는 없으나 편지를 받는 자와 못 받는 자의 차이는 엄격히 존재한다.

펭귄·물개·갈매기 벗 삼아*

이곳 우리들의 하루 일과는 오전 7시 반에 기상, 15분간 체조를 하면서 시작된다. 8시 10분쯤 아침 식사를 하고 8시 40분부터 차를 마시며 간단한 회의를 연다. 이 회의에서는 주로 그날그날의 중요한 연구 및 작업 계획, 공지사항이 전달된다. 9시부터 연구원은 실험실로, 지원 인력은 각자 근무지로 간다. 낮 12시가 되면 점심 식사를 하고 또 차를 마시며 담소를 나누다가 다시 오후 근무를 시작한다. 일과가 끝나고 6시 저녁 식사 후에는 각자 아마추어 무선국 운영, 당구, 탁구, 비디오 감상, 독서 등으로 여가를 보내다가 밤 11시께 당직자 2명을 제외하고 전원 취침에 들어간다.

다만 수요일 오후는 체육의 날로 정해 간단한 운동회를 열고 토요일은 오후 근무가 없다. 이 밖에도 매달 화재 소방 훈련, 비상 숙소, 단체 사진 촬영, 정기 신체검사, 흑백사진 현상의 날 등 각종 행사가 많으며 고국에서와는 달리 이곳에서 유일하게 없는 행사는 예비군 훈련뿐이다. 또한 컬러 현상소가 없어 흑백사진만 뽑을 수 있고 컬러는 고국의 가족들에게 필름을 통째로 보내야만 현상할 수 있다.

수요일 체육의 날에는 주로 복식 탁구 경기, 축구, 족구를 하

---

* 《일간스포츠》 1989년 10월 23일.

● 세종기지에서 공휴일에는 대원들이 돌아가며 식사를 준비한다. 사진은 내가 대원들을 위해 김밥을 만드는 중이다.

는데 대원 중 총각이 5명이라 총각팀 5명 대 유부남팀 5명의 경기가 가끔 있다. 기지장인 나는 주로 심판을 맡고 가끔 조그만 상품을 걸기도 한다. 현재까지의 전적은 3 대 1 정도로 유부남팀이 우세한데 역시 처자식 먹여 살리느라 고군분투하는 유부남들이 더욱 악착같이 뛰기 때문일까.

토요일이나 공휴일에는 주로 등산, 스키, 사진 촬영 등 다들 나름대로 재미있는 일이 많지만 우리 중 가장 바쁘고 힘든 대원은 역시 주방장이다. 따라서 주방장의 노고를 조금이라도 덜기 위해 일요일이나 공휴일에는 아침 식사를 정식으로 하지 않고 각자 원하는 대로 라면 등을 먹는다. 일요일 점심은 대원들이 돌아가며 조리한다. 주말마다 각자의 음식 솜씨를 최대로 발휘해 김밥에서부터 매운탕, 떡볶이, 냉면, 짜장면, 빈대떡 등은 물론 정체불명의 음식까지 다양한 메뉴가 등장하는데 다들 맛있게 먹으며 즐거워한다.

동계 기간 기지의 가장 큰 문제 중의 하나는 물 부족 현상이다. 올해도 기지 주변 호수가 두께 1.5m나 얼어붙어 물이 부족하여 목욕이나 세탁은 주 1회로 제한되고 최대한의 절수가 요구되고 있다. 현재 기지에서는 짠 바닷물을 먹을 수 있도록 하는 해수 담수화 장비를 수리 중인데 정상 가동된다 해도 충분한 양은 되지 못한다.

이발은 기지 내 아마추어 이발사 2명이 맡고 있는데 14명을 모두 이발하는 데는 조금 일손이 달린다. 이에 가끔 초보자끼리 시도

● 세종기지 인근에서 여름철 알을 품고 있는 젠투 펭귄(위)과 갓 태어난 물개 모자(아래).

- 남극 기지에서는 육상 조사 활동을 위해 스노모빌을 이용하고 바다에서는 고무보트를 이용한다.

하다가 뚜껑 머리(이곳에서는 소방차 머리라고 함)를 만들어 이를 다시 다듬느라고 이발사들을 애먹이기도 한다.

세종기지에서 장거리 통신 수단은 위성통신 장비다. 고국과의 정기적인 업무 연락은 물론 직접 세계 어느 나라와도 전화 통화, 텔렉스, 팩시밀리 교신이 가능하다. 위성통신을 이용하면 가장 쉽고, 신속하며 질 좋은 통화가 가능하지만 사용료(1분당 만 원 이상)가 비싼 것이 흠이다. 대원들에게는 가족과의 안부 전달을 위해 개인당 한 달에 3분씩의 통화가 무료로 허용되나 그 이상은 개인 부담이다. 따라서 전화기 옆에는 항상 스톱워치가 비치되어 시간을 체크한다. 3분은 실제로 서로 안부를 물어보는 정도의 짧은 시간이기에 스톱워치를 안 쓰면 특별한 용무 없이 7~8분을 넘기는 경우가 허다해 실제 손해를 본 대원들도 있다.

날씨가 화창한 날에는 약 20여 마리의 물개가 기지 주변 해안가에 올라와 일광욕을 즐기고 펭귄들은 수시로 우리를 찾아오는 방문객이다. 이들 펭귄과 물개는 우리 대원들과 이미 구면인지라 서로를 경계하지 않고 반갑게 눈인사를 나누기도 한다. 아마 서로가 서로의 생존에 위협이 되지 않는 한 공존하기로 무언의 약속이 이루어진 것일까. 이 밖에도 2~3종류의 갈매기들이 서식하고 있는데 그중 흰 비둘기와 비슷한 쉬츠빌은 특히 우리 주방장을 잘 따른다. 주방장이 매일 먹다 남은 고기 등을 던져주니 이들은 일정한 시간에 식당 앞에 모여 주방장을 기다린다. 어쩌다 먹이가 적을 때는 건물 지붕 위에 앉아 부리로 지붕을 쪼아대는데 그 소리가 여간 시끄러운 게 아닙니다. 때로는 귀찮기도 하지만 이곳에서 우리가 만날 수 있는 유일한 동물들이니 만약 펭귄, 물개, 갈매기라도 없었으면 얼마나 삭막할까!

2~3월은 풍어기… 활어회 포식[*]

현재 1989년 월동 기간의 세종기지에서는 연구 사업이 한창 진행되고 있다. 이 중 가장 중요한 것이 지구물리 연구다. 지진계가 24시간 가동되고 기지 주변 일대의 중력, 지하 지질 구조를 보기 위한 탄성파 연구가 실시 중이다. 가장 힘든 연구는 야외로 나가야만 하는 중력 측정. 동계 기간 추운 날씨로 작업이 어렵기는 하지만 다행히 눈이 쌓여 스노모빌(썰매를 단 설상 자동차)을 타고 다닐 수 있기 때문에 온 산야를 누비며 신속한 측정을 하고 있다. 또 하나 지구물리 연구 사업으로 고층 대기물리 연구가 있다. 이는 200km 이상 고층에서의 대기 흐름을 광학적 방법으로 측정하는 연구다. 남극권 고층 대기의 흐름과 지구의 전반적인 기상과의 상호관계 및 지구 전리층 변화 등을 동시에 연구할 수 있다.

이외에도 기상 관측 사업이 진행되는데 매 30분마다 평균기

 •《일간스포츠》1989년 11월 6일.

온, 습도, 풍속, 풍향, 기압 등이 자동으로 기록되고 있다. 이러한 모든 기상 자료는 하루 3번 무선으로 칠레 기지를 거쳐 세계기상기구로 보고된다. 세종기지에서의 생물 연구는 주로 해저에 서식하는 동물의 종류, 생활 환경, 개체 수의 변화 등을 관찰하는 것인데 때때로 잠수하여 사료를 채취해야 한다. 이곳 해수 온도는 약 -1.5℃ 정도로 스쿠버다이빙하기에 좋은 편은 아니지만 방한 잠수복을 입고 작업을 할 수 있다.

지난 2~3월에는 기지 앞에 그물을 놓아 많은 물고기를 잡기도 했다. 하루 저녁만 설치해놓아도 길이 30cm 이상 되는 물고기(대구의 일종)들이 그물이 무거워 들어 올리지 못할 정도로 많이 잡혀 싱싱한 활어회를 맘껏 먹을 수 있다. 남극에서 이가 시릴 정도의 차가운 생선회를 소주에 곁들여 먹는 맛은 천하일품이 아닐 수 없다.

올해부터는 이곳 남극 생활의 활력을 불러일으키기 위해 남극 세종과학기지만의 유일한 스포츠인 설인 7종 경기를 열 계획이다. 이것은 눈 위에서 축구, 족구, 마라톤, 스키, 썰매 타기, 빙벽 오르내리기, 피켈 던지기 등 7가지 종목을 놓고 최종 우승자를 가리는 경기다. 설상 마라톤은 약 2km 구간이며 썰매 타기는 우리가 어릴 때 타던 썰매로 호수 위를 200m 왕복하는 것이다. 또한 스키 경기는 스키를 신고 언덕을 올라가서 타고 내려오는 기록 경기. 빙벽 오르기는 경사진 빙벽을 기어올랐다가 눕거나 엎드려서 몸으로 미

● 세종기지 주변에서 낚시를 하면 주로 남극대구가 잡히는데, 낚싯대를 넣기가 무섭게 올라와 낚시하는 재미는 별로 없다.

● 겨울철이면 킹조지섬의 여러 나라 기지 대원들이 모여 스키 대회 등을 개최한다.

끄럼을 타고 내려오는 경기이며, 피켈 던지기는 말 그대로 아이스 하켄을 원반 던지기 하듯 던지는 경기다. 모든 경기 후 개인 종합 점수에 따라 최고 득점자를 올해의 설인으로 선발, 우승 메달과 푸짐한 부상을 수여함은 물론 우승자의 이름과 개인 기록은 목각에 새겨 기지에 영구히 전시할 계획이다.

킹조지섬에는 우리나라를 비롯하여 중국, 칠레, 소련, 우루과이, 아르헨티나, 폴란드, 브라질 등 8개국 기지와 동독 과학자 2명이 소련 기지에 셋방살이를 하고 있다. 이들은 모두 종교, 이념, 언어, 풍습이 각기 다르지만 간혹 서로 방문할 기회가 있으면 마치 오랜 친구를 만난 것처럼 반가워하고 극진히 대접한다. 이들은 자기 나라의 국경일에 서로를 초대하기도 한다. 이때는 조그마한 칠레 헬기를 이용해야 하기 때문에 대개 초청 인원은 기지당 한두 명으로 제한되며 그나마 기상 상태에 따라 취소되는 일이 허다하다. 지난 5월에는 폴란드 기지에서 기지장 모임을 갖고 로마 교황님을 킹조지섬에 초청하는 서한을 8개국 기지장 공동 명의로 발송하기도 했다.

지난 6월 21일 남극 동지 때는 칠레 기지에서 일주일 동안 파티가 있었는데 우리 측도 나를 포함한 3명의 대원이 참석, 즐거운 시간을 가졌다. 남미인들 특유의 기질을 발휘해 일주일 동안 먹고 마시고 놀며 지내는데 특히 인상적이었던 것은 모든 참석자들이 가면을 쓰고 모이는 가면 파티였다. 이때 별별 기발한 분장이 다 동원되어 아라비아인부터 흑인, 석기시대인, 미라, 우주인 등 다양했다. 1등은 반남반녀 분장을 했던 칠레 부기지장에게 돌아갔다.

이곳 기지장들은 행사 때마다 만나므로 특히 친하게 지낸다. 각자 2~3가지의 술을 들고 와 20여 가지의 서로 다른 술과 10여 가지의 다른 담배를 즐기며 이야기하는 모습이 무척 이채롭다. 나도 청주, 소주, 인삼주 등을 가져갔는데 특히 인삼주의 인기가 높다. 칠레의 피스코, 우루과이의 그라파, 소련의 보드카, 중국의 어롱주 등 독특한 술이 많다. 독하기는 단연 중국 술로 어떤 것은 무려 54%의 알코올 농도를 자랑한다.

"개썰매 만들어 킹조지섬 횡단하자"*

올해 킹조지섬에서의 최대 화젯거리는 남극 횡단 탐사대에 관한 뉴스다. 남극 횡단 탐사대는 미국, 영국, 프랑스, 소련, 일본, 중국 6개국에서 각 1명씩 모두 6명으로 구성되었다. 이들은 지난 8월 초에 킹조지섬을 출발 남극반도, 남극점, 소련의 보스톡 기지를 거쳐 인도양에 접한 소련의 미르니 기지까지 무려 6,400km를 42마리의 썰매 개와 함께 7개월 만에 주파할 예정인데 10월 말 현재 남극점을 향해 남진 중이다.

---

* 《일간스포츠》 1989년 11월 13일.

이들의 보급 기지가 바로 킹조지섬으로 항상 비행기가 대기 중이며 칠레로부터 잦은 비행이 있다. 우리는 직접 보지는 못했지만 날아다니는 비행기만 보아도 반갑고 심심하지 않게 겨울을 지낼 수 있어 좋다.

　우루과이 기지 파티에서도 남극 횡단 탐사에 대한 얘기를 나누던 중 우리 대원들도 무언가 할 수 있지 않을까 하는 뜻에서 한 가지 제안을 했다. 즉 미니 탐사대를 조직, 칠레 기지에서 썰매 개 4마리를 끌고 빙하를 돌아 우리 세종기지까지 약 35km를 주파하는 킹조지 횡단 탐사를 해보자는 것이었다. 썰매 개는 현재 남극 횡단 탐사대를 보조하기 위해 중국 기지에 일부 대기 중인 것을 이용하고, 우리 대원 일부와 소련 기지장과 의사, 우루과이 기지장, 동독 과학자 등 5~6명의 희망자로 구성, 11월 초순께로 일정을 잡았다. 칠레는 탐사대의 후원을 맡아 헬기와 약간의 식량을 제공하고 한국은 공중 사진 및 비디오 촬영 기록과 탐사팀에 숙소를 제공하기로 하였다.

　소련 기지장은 원래 술고래라 탐사 기간을 단축시킬 수 있는 방안으로 매 1km마다 보드카 한 병씩을 갖다 놓으면 단숨에 주파할 수 있을 것이라는 농담을 주고받으며 킹조지 횡단 탐사대의 성공을 위한 축배를 들었다. 서로 만나면 주로 영어를 쓰는데 대부분 영어가 조금씩 서투르지만 의사소통에는 큰 지장이 없다. 관습적으로 축배를 들 때는 반드시 영어, 러시아어, 중국어, 한국어, 포르

투갈어, 스페인어 등 6개 언어로 건배를 외치고 마시는 일도 무척 재미있는 습관이다.

이곳 공산 국가 기지인 소련과 폴란드 기지의 특징은 기지장이 과학자인 반면 부기지장은 항상 당黨 간부가 배치되어 상호 감시하고 있는 것 같다. 특히 동독과 소련은 극히 폐쇄적인 기지 운영으로 대원들에게 고국과의 일체의 연락을 금지하고 있는 걸 보면 공산주의 사회의 일면을 볼 수 있는 것 같다. 그러나 개인적으로 만나면 모두 인간적이고 따뜻한 마음들을 가지고 있는 것은 틀림없다.

우루과이 파티가 끝난 뒤 소련 기지에 갔을 때 기억에 남는 것은 우리를 소련식 사우나탕에 초대한 일이다. 그들의 사우나 실내 온도는 무려 110도로 가만히 앉아 있으면 숨이 막힐 정도다. 또한 종류를 알 수 없는 마른 나뭇잎을 물에 적셔 몸에 뿌려준다. 그러면 기막힌 향기와 열기가 온몸을 스치고 지나가는 것을 느낄 수 있다. 그러다가 돌연 사우나실 문을 박차고 눈밭으로 뛰어나가 나체로 눈 위를 뒹굴곤 한다. 눈밭에서 다시 사우나로 돌아오는 것을 반복하다 보면 사우나 1회에 3kg 체중이 준다고 한다.

중국 기지를 가면 중국식 식사를 하게 되는데 어찌나 양이 많은지 우리 대원들로서는 도저히 이들을 따라갈 수 없고 식사 시간이 긴 것도 또한 특징이다. 그들은 홍콩 무술 영화 비디오를 매우 좋아한다.

● 남극 킹조지섬 횡단 탐사대가 세종기지를 방문했을 때 썰매 개가 큰 역할을 했다. 그 후 1991년 채택된 남극 환경보호 의정서에 따라 남극 지역으로 모든 동식물의 반입이 금지되었다.

남극의 킹조지섬은 전 세계의 작은 축소판인지도 모른다. 불과 30km 반경에 위치한 각국 기지들은 서로 다른 문화를 갖고 있고 각기 다른 표준시를 사용하며 독특한 기지 운영 방법과 계급 구조를 지니고 있다. 그러나 적어도 이곳에서만큼은 여권이나 비자 없이 다른 기지로 갈 수도 있고, 이념이나 종교에 관계없이 항상 상대방을 환영하며 서로 대가를 지불하지 않고 필요한 물자를 나누어 주기도 한다. 지난 4월에는 우루과이 기지 대원이 맹장염에 걸려 주변 기지 의사 5명이 모여 함께 수술을 하기도 했다. 폴란드 기지에서는 간염 환자가 발생했을 때 헬기로 실어 소련 기지에서 치료를 받은 적도 있다.

이곳 킹조지섬의 모든 우리 남극인들은 생존生存이라는 공동 목표 아래 서로를 돕고 아끼고 사랑하고 있으며 바로 이것이 우리 인류가 지구상에서 이룩해야 할 세계의 표본인지도 모른다. 이러한 조그만 세계에서 가장 최신의 공법으로 견고하게 건설되고 최신 첨단 장비들이 설치된 세종기지를 모두들 부러워하는 것을 볼 때 킹조지섬의 세종기지는 현재 세계 속의 한국을 그대로 반영하고 있다고 확신한다.

1989년은 세종기지 최고의 해[*]

올해는 남극 세종기지로서는 중요한 한 해이다. 작년 3월 킹조지섬에 우리나라 세종기지가 세계에서 18번째로 세워진 이후 앞으로 남극 개발에 새로운 전기를 맞이하게 된 것이다. 우리나라가 지날 9일 프랑스 파리에서 세계 23번째로 남극조약 협의 당사국ATCP의 지위를 획득했다. 제15차 남극조약 협의 당사국 회의에 참가한 한국해양연구소 박병권 소장 일행은 소련, 중국, 폴란드, 동독 등 공산권 국가를 포함 22개 당사국들로부터 모두 동의를 얻어내는 결실을 거두었다.

우리나라도 이 같은 당사국 지위를 획득함으로써 지구 육지 면적의 10%를 차지하며 미래의 자원 보고로 일컬어지는 이곳 남극과 주변 해양에 대해 배타적 특권을 누릴 수 있게 될 것이다. 국제적으로 남극 문제 전반에 대해 결정권을 갖고 있어 남극에서의 '유엔 안보리 상임이사국'이라 불리는 남극조약 협의 당사국은 먼저 남극 과학기지 건설, 그리고 남극에서의 실질적인 과학 활동 등을 고려해 당사국 만장일치제로 새 회원을 받아들이는 까다롭고 막대한 권한을 갖고 있다.

이번 남극조약 특별협의회에서 당사국 자격을 신청한 나라는

---

* 《일간스포츠》 1989년 11월 20일.

우리나라를 비롯하여 핀란드, 에콰도르, 네덜란드, 페루 5개국이었다. 이 중 우리나라, 페루, 핀란드 3개국이 새로 자격을 얻음으로써 이제 당사국은 모두 25개국으로 늘어났다.

다소 정치색이 옅은 남극 특유의 분위기도 있지만 우리나라 기지가 있는 이곳 킹조지섬에 소련, 중국, 폴란드 등 공산권의 기지가 같이 있어 그동안 우의를 다져온 데다 최근 동구권의 개방과 정부의 북방 정책이 복합적으로 작용한 좋은 결과로 풀이된다.

우리나라는 지난 1970년대 말부터 남빙양 크릴새우를 연구·조사해왔고 세종과학기지를 건설한 이후 실질적인 남극 과학 연구를 수행해왔다. 특히 2년 후인 1991년에는 남극의 영토권 주장을 잠정적으로 동결시킨 남극조약의 유보 규정이 만료됨에 따라 우리나라가 서둘러온 남극 진출의 타이밍이 들어맞은 셈.

남극조약 협의 당사국이 된 우리나라는 앞으로 남극 개발에 관한 국제회의에서 발언 및 투표권을 당당히 행사할 수 있게 됐다. 남극 생태계 보존, 인간 활동이 남극 환경에 미치는 영향, 남극 과학 국제협력 증진, 남극 보호 구역 설정, 남극 얼음 이용, 남극 기지 집중 문제 등 모든 내용에 대해 우리나라 의견을 반영할 수 있게 된다. 따라서 우리 세종기지는 앞으로 좀 더 구체적이고 실질적인 계획 아래 남극 탐사 활동을 펼치게 됐다.

우리나라가 남극조약 협의 당사국으로 확정된 이날 우리 남극 대원들은 마치 생일을 맞은 듯 들뜬 분위기였다. 고국의 해양연구소로부터 소식을 듣고 저녁 식사 후 큰 잔치를 벌였다. 모두 맥주잔을 들고 '파이팅'을 외치며 얼싸안고 기뻐했다. 장장 5만 리나 떨어진 극지에서 고생한 보람과 자부심에 흠뻑 젖은 밤이었다. 같은 킹조지섬에 있는 소련, 중국, 폴란드 등 공산 국가들은 물론 아르헨티나, 브라질 기지 대원들이 축하 메시지를 보내왔다. 마치 이날은 남극이 우리 세종기지 대원들을 위해 존재하는 것만 같았다.

이 기쁨을 고국의 가족과 국민들과 함께 나눠 갖고 싶다. 끝으로 우리 남극 대원들을 위해 수고하는 해양연구소의 모든 직원들께 감사 인사를 드린다. 1989년 우리 월동대원 14명은 조국에 대한 명예와 긍지를 가지고 이곳 조그만 세계 킹조지섬에서 일할 것을 약속드리며 내년 1월 다시 건강한 모습으로 그리운 가족과 국민들을 만날 것을 기대한다.

● 남극해 먹이사슬의 최하위에 위치한 크릴은 남극 생태계에 가장 중요한 생물이다 (위). 남극 해양생물 연구를 위해 얼음을 뚫고 잠수하기도 한다(아래).

남극 월동 에피소드:
황당했던 의료 사건들

　　남극 기지에 1년을 살다 보면 외롭기도 하고 여러 가지 힘든 일도 많지만 철저히 고립된 상황이라 우리가 일상생활에서 상상하기 어려운 여러 가지 웃지 못할 일도 많이 일어난다. 호주대륙의 2배 정도 되는 남극대륙에 사는 인간은 40여 개 과학기지에서 월동하는 대원 약 1,000여 명이 전부이니 남극대륙은 지구상에서 가장 인구밀도가 낮은 오지임이 틀림없다. 보급은 대부분 1년에 한 번 쇄빙선을 통해 이루어지고 과학자들을 위한 수송편도 여름 기간 몇 차례만 있을 뿐이다.

　　지역에 따라 다르긴 하지만 가장 인접한 기지가 몇백 km 떨어진 경우가 허다하다 보니 다른 기지를 방문하는 것도 거의 불가능

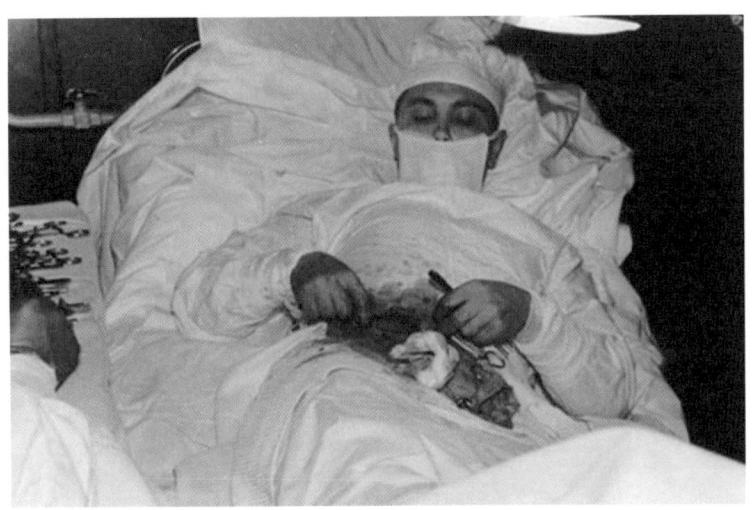

● 1961년 남극의 러시아 보스톡 기지에서 한겨울에 의사가 맹장염에 걸려 자신이 마취 없이 직접 수술을 집도해야만 했다.

하다. 이렇게 외부 세계와 철저히 단절된 남극에서 가장 힘든 것은 바로 고립감과 불의의 사고에 대한 두려움이다. 비록 기지에 의사가 한 명 있기는 하지만 만약 불의의 사고나 건강에 이상이 생겼을 때 수술 등 적절히 치료를 받을 수 없다는 두려움이 늘 앞선다. 실제 남극 기지 월동대원은 파견 이전에 철저한 신체검사를 거쳐 선발된 우리나라에서 가장 건강한 사람들이기 때문에 사고가 아니면 건강에 문제가 발생하는 일은 매우 드물다. 기지에서는 "의사만 안 아프면 아픈 사람 없더라" 하는 우스갯소리도 있다.

그렇다면 만약 남극 기지의 의사가 아프면 누가 치료할까? 남극의 내륙에 설치된 러시아 보스톡 기지에서는 월동 중 바로 의사가 맹장염에 걸려 본인이 거울을 보며 직접 수술을 한 적도 있다.

당연히 본인이 마취를 할 수 있는 상황은 아니었다. 지금도 러시아 상트페테르부르크의 극지 박물관에 가면 그때 사용했던 수술 기구들을 볼 수 있다. 남극점 빙상 위 해발 4,000m에 위치한 미국의 아문센-스콧 기지에서는 월동 중 여의사가 유방암에 걸려 전 세계적인 관심사가 된 적도 있었다. 유방암 발병이 확인되었지만 이미 겨울이 시작된 뒤여서 후송할 방법이 없었기 때문에, 미국 본토의 전문의들과 인터넷을 통한 상담과 치료를 시작했으며 급기야는 항암제 공수를 위해 미국에서 수송기가 남극점까지 직접 날아가 낙하산으로 약을 투하한 바 있다. 다행히 이분은 항암제로 암의 진행을 억제하고 10월이 돼서야 첫 비행기를 타고 빠져나와 암 수술을 받았고 지금도 건강하게 살고 있다.

1989년 세종기지 대장으로 지내면서 있었던 일화이다. 어느 날 저녁 식사를 하던 중 갑자기 "윽" 하는 비명 소리가 들렸다. 당시 기지 의사가 식사 도중 혀를 잘못 깨물었던 것이다. 누구에게나 가끔 있을 수 있는 일이라 별 대수롭지 않게 생각했는데, 잠시 후 의사가 찾아오더니 메모를 한 장 내미는 것이었다. 내용을 보니 본인 혀의 상처가 심해 꿰매야 할 것 같으니 가까운 칠레 기지로 갔으면 좋겠다는 요지였다. 칠레 기지는 우리 기지에서 바다를 건너 약 10여 km 떨어져 있어 고무보트를 타야만 갈 수 있기 때문에 날씨가 나쁘면 갈 수가 없다. 남극에서는 날씨가 나쁘고 바람이 한번 불면 일주일 이상 지속되기 때문에 쉽게 움직일 수가 없다. 당시에도 날씨가 나빠 며칠을 기다려야 할지 알 수 없는 상황이었다. 그러자 의사는 누군가가 자기 혀를 꿰매줘야 한다고 사정했다. 따라서 당시 기지대장이었던 나는 누구라도 지명해 대신 치료를 시킬 수밖에 없었다. 궁리 끝에 당시 기지의 재봉틀을 담당하던 기상 관측 대원을 지명했다. 그 기상 대원은 물론 사람을 꿰매본 적은 없는지라 상당히 난감해했다. 그는 의사와 상의 끝에 냉장고에서 돼지고기 살을 한 움큼 도려와 의사와 함께 살 꿰매는 연습을 반나절 한 뒤에야 시술을 무난히 할 수 있었고 상처 치료는 잘 마무리되었다.

남극 기지에는 의사 한 명만이 파견되기 때문에 주로 응급 상황을 고려한 외과 의사 등이 가장 선호된다. 의대를 갓 졸업해 공중보건의 중에 선발되는 의사의 경우 경험을 쌓기 위해 남극 기지 파견 전 종합병원에 의뢰해 각 과를 다니면서 훈련을 받게 된다. 그러나 의사가 한 명뿐이라 가끔 치아에 문제가 생기면 큰 문제가 발생한다. 따라서 월동대원들은 정밀 신체검사와 함께 치과 검진 후 문제가 있으면 치료를 미리 받아야 파견이 가능하다. 비록 사전 정밀 신검을 통해 완벽한 건강 상태라 하더라도 월동생활을 하다 보면 전혀 예기치 못한 문제들이 발생하곤 한다.

1996년 두 번째 세종기지 월동대장을 지낼 때 치아 보철 때문에 벌어졌던 일화가 하나 있다. 누구나 보철 하나쯤은 입안에 하고 있고 한 번쯤은 보철이 떨어졌던 경험이 있을 것이다. 보통은 보철이 빠지면 치과에 가서 다시 끼우면 되지만 남극에서 보철이 빠지면 해결이 쉽지 않다. 경험상 남극에서는 유난히 보철이 잘 빠지는 것 같다. 아마도 추운 날씨 탓에 찬 공기를 입으로 마시다 보니 보철을 붙이는 접착제가 쉽게 떨어지기 때문일 것이다. 언젠가 세종기지 월동대원 중 하나가 꼬리곰탕으로 식사를 하던 중 보철이 떨어져 음식과 함께 삼켜버린 일이 있었다. 그 대원은 남에게 말도 못하고 끙끙대면서 보철이 빠진 상태로 1년을 지낼 생각을 하니 답답하기도 했을 것이다. 따라서 보철을 회수(?)하기로 결정하고 다음 날 아침 신문지를 들고 멀리 떨어진 창고 뒤 후미진 곳으로 가서 일을 보고 그 속에서 반짝이는 조그마한 금 조각을 가까스로 찾아냈다. 상상해보면 아마 모래사장에서 보석을 발견한 것보다 더 기뻤을 것이다. 기쁜 마음에 보철 조각을 가져와 잘 씻어서 끼우려다 그만 흐르는 물에 세면대 속으로 톡 빠뜨리고 말았다. 결국에는 다른 대원에게 자초지종을 설명하고 도움을 받아 세면대 밑 U자 관을 뜯어 끈기 있게 보철을 찾아 끼울 수 있었다.

여기까지는 좋았는데 문제는 몇 주일 후 같은 일이 같은 대원에게 또 일어났던 것이다. 그날도 공교롭게 꼬리곰탕을 먹다가 보철을 삼켜버린 것이다. 이번에는 지난번 경험도 있고 해서 크게 당황하지 않고 회수 작업에 들어갔는데 3일간 시도에도 불구하고 웬일인지 그 조각을 찾을 수 없었단다. 이번에는 공개적으로 일이 진행되어 여러 대원들이 나름대로의 의견을 개진했는데, 결국은 삼킨 금 조각은 반드시 나왔을 것이니 지난 3일간의 배설물을 다시 잘

● 1996년 세종기지 제9차 월동대 단체 사진. 아래쪽 오른쪽에서 네 번째가 기지 대장인 나이다.

찾아보라는 충고였다. 그 대원은 용기백배해서 창고 뒤 야외로 찾으러 갔는데 아뿔싸, 현장은 이미 파헤쳐져 있었고 주변 눈 위에는 여기저기 새 발자국만이 어지럽게 나 있었다. 아마 눈 속에 깊이 파묻지 않았던 모양이었다. 이 소식을 접한 대원들은 당사자를 보면 차마 웃을 수는 없고 매우 난감한 표정들이 되었다. 동료들이 해줄 수 있는 최선의 조언은 기지 주변에 떨어진 새 배설물을 잘 찾아보라는 것이었는데…. 그 대원은 결국 창고 뒤 흩어진 현장을 다시 치밀하게 수색한 결과 용케 보철 조각을 다시 발견해 모든 것이 해피엔딩으로 끝날 수 있었다.

북극 진출의
시작

바다에 둘러싸인 대륙인 남극과는 달리 북극은 대륙으로 둘러싸인 바다이다. 북극점은 2~3m 두께의 해빙 밑으로 수심 4,000m 이상 되는 바다 위에 있다. 바다에 있다 보니 북극점의 평균기온은 여름철 0℃, 겨울철 -40℃ 정도로 남극보다 훨씬 따뜻하다. 따라서 동식물이 풍부하며 대표적으로 북극곰, 여우, 순록 등이 살고 있다. 북극 펭귄은 없으니 남극에만 사는 펭귄과 북극에만 사는 북극곰은 동물원에서나 만날 수 있다. 하지만 고래나 갈매기 등은 양극 지방에 모두 살고 있다.

북극해 주변 그린란드, 북유럽, 알래스카, 시베리아 연안을 따라 현재 약 400만 명 정도의 인구가 살고 있으며 그중 약 10%만이

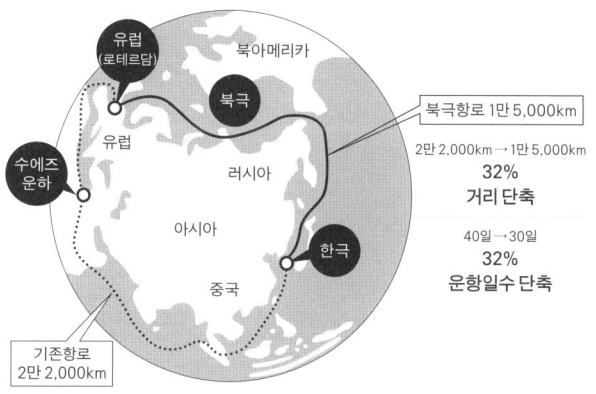

- 우리나라에서 유럽으로 가는 기존 항로는 인도양과 수에즈운하를 통과해야 하는데, 베링해협을 거쳐 시베리아 연안을 따라가는 북극해 항로를 이용하면 거리와 시간을 줄일 수 있다.

오랫동안 살아왔던 원주민이다. 물론 남극에는 원주민이 없다. 기후변화로 북극해 해빙이 급격히 감소됨에 따라 육상 및 대륙붕 석유 자원 개발이 가속화되고 있으며, 개발된 석유나 천연가스를 아시아로 수송하는 북극해 항로 이용이 활발해지고 있다. 또한 북극해 해빙의 감소는 북반구 겨울철 한파와 여름철 폭염을 몰고 오는 이상기후의 주범으로 밝혀지면서 전 세계적인 기후변화의 중요한 연구 대상이 되고 있다.

북반구에서 보면 북극은 남극보다 가까이 있지만, 등잔 밑이 어둡다고 인간의 본격적인 과학 연구 활동은 남극보다 30년이나 늦게 시작되었다. 남극은 제2차 세계대전 이후 미소 냉전 기간 중인 1959년 남극조약이 체결되면서 기존의 영토권이 동결되고 과학 연구를 위해 누구나에게 개방되었다. 그러나 북극해를 중심으로 하는 북극권은 대륙 간 미사일이 날아가는 군사적으로 예민한 지역이라 상당 기간 민간에 개방되지 못했다. 그러다가 구소련 말기인 1987년에 이르러서야 고르바초프의 무르만스크 선언에 따라 개방되고 민간 연구가 시작되었다. 무르만스크 선언은 구소련이 북극권을 평화 지역으로 설정하고, 국제 공동 개발, 연구 협력, 환경 보호, 북극해 항로 개발을 위해 개방한다는 내용이다. 무르만스크 선언 이후 국제적으로 과학 연구를 위해 민간의 북극해 진출이 가능해지면서 미국, 러시아, 캐나다, 노르웨이 등 일부 북극권 국가들을 중심으로 북극해 연구가 시작되었다. 그러나 1990년대 말까지 두꺼운 해빙으로 인해 접근이 제한되고 기구온난화 현상도 뚜렷이 나타나지 않았기 때문에 큰 관심의 대상이 아니었다.

우리나라가 북극 연구에 관심을 갖기 시작한 것은 1990년대 초로 거슬러 올라간다. 그 전에도 수산청에서 북극권 베링해 명태 시험 조업 관련 연구가 조금 있었지만, 북극해 연구와는 조금 거리가 있었다. 1992년 내가 중심이 되어 북극에 관심을 갖고 연구를 준비하기 위해 해양연구원 자체 정책 과제를 2년간 수행한 바 있다. 당시 연구는 우리가 북극에 대한 지식과 자료가 전무한 상태에서 영토, 자연환경, 자원 등 북극 개요 수준의 데스크 연구였다. 국내에서는 북극에 대한 이해와 관심이 거의 없었던 시절이라 그 후 더 이상 연구를 이어가지 못했다.

나는 1993년 6개월간 일본 국립극지연구소NIPR에 초빙교수로

● 1993년 일본 극지연구소 초빙교수 시절 남극 지진 전문가인 가미누마 교수님(왼쪽)과 함께. 나는 이 시기에 북극 진출에 관해 깊은 관심을 갖게 되었다.

체류하는 동안 북극 문제에 대한 많은 지식을 얻을 기회가 있었다. 일본의 북극권에 대한 연고는 북방 영토, 즉 19세기 홋카이도에서 캄차카반도로 이어지는 쿠릴열도와 사할린섬의 지배로 거슬러 올라간다. 1875년 상트페테르부르크 조약으로 러시아에 사할린섬을 넘기고, 대신 일본은 쿠릴열도 전부를 차지하게 된다. 그 후 노일전쟁에서 일본이 승리한 후 1905년 열린 포츠머스 강화 조약에 따라 일본은 배상금 대신 북위 50도 이남의 사할린섬 일부를 다시 영토에 편입하였다. 일본은 제2차 세계대전 패전 후 관련 모든 영토를 러시아에 다시 뺏겼지만, 아직도 쿠릴열도 일부 4개 섬의 영유권 문제로 러시아와 대치하고 있다.

일본의 북극 연구 역사를 보면 이미 1942년부터 홋카이도대학에 저온과학연구소를 설치해 북극권 빙설·물리·화학·생물·공학 연구를 이어오고 있다. 1990년에는 국립극지연구소 내에 북극환경연구센터를 설치하였고, 1991년 북극 스발바르Svalbard제도 니알슨Ny Alesund에 '라벤Rabben'이라는 과학기지를 설립하였다. 또한 이를 근거로 1991년 국제북극과학위원회IASC에 가입하였고 1997년에는 미국과 공동으로 알래스카대학 내에 국제북극연구센터를 지을 정도로 북극 연구에 대한 지속적인 관심을 이어왔다.

일본극지연구소에서 지내는 동안 나는 일본의 북극 연구에 대해 관심을 갖고 연구 조사를 통해 나름대로 우리나라의 북극 진출을 위해 우선적으로 이루어야 할 3가지 목표를 수립하였다. 첫째, 국내 북극 연구 프로그램의 개발, 둘째, 우리나라의 국제북극과학위원회 가입, 셋째, 북극 과학 연구 기지의 설립이었다.

그러던 중 1999년 기회가 찾아 왔다. 중국이 1999년 여름 쇄빙선 설룡호를 처음으로 북극의 베링해, 척치해에 보내 해양 조사를 추진한다는 것을 듣게 되었다. 즉시 친하게 지내던 중국 극지연구소장에게 연락해 우리 측 연구원을 북극 항해에 참가시켜줄 것을 요청했다. 중국 측의 허락을 받아 우리 측 연구원 1명과 학생 1명 등 2명이 승선하여 해양 연구에 참여하게 되었다. 그러나 출장비를 지원할 연구비는 없었다. 궁리 끝에 다음 해부터 해양수산부를 설득하여 정부 연구비를 받아서 추진하겠다는 약속을 하고, 우선 해양연구원에서 출장비를 충당하는 수준의 작은 연구비를 받았다. 결국 우리 측 2명은 상하이로 날아가 중국 설룡호에 승선하고 상하이에서 출발하여 베링해를 거쳐 척치해 조사 후 상하이로 돌아오는 긴 항해에 참여할 수 있게 되었다. 이 북극해 해양 조사 참여를 계기로 드디어 우리나라 북극 연구의 문이 열리게 되었다. 당시 설룡호 북극해 탐사에 지원했던 연구원은 훗날 극지연구소장을 지낸 강성호 박사로 우리나라 북극 연구의 대가가 되었다.

성공적인 한-중 북극해 해양 조사를 계기로 북극해의 과학적 중요성과 활용에 대한 내용들을 국내에 소개하게 되었다. 불과 25년 전인 당시만 해도 기구온난화나 기후변화 문제가 중요한 이슈로 대두되지 않을 때라 북극해 연구에 대한 당위성을 설득하는 것

● 1999년 우리나라 연구원이 중국 쇄빙선 설룡호에 승선하여 처음으로 북극해 탐사를 했다.

이 쉽지 않았다. 해양수산부에 가서 장차 북극 해빙이 감소되면 북극해 항로가 열리게 되므로 북극해 진출이 중요하다고 설명하면, 무슨 말도 안 되는 황당한 소리를 하냐며 무시당하기 일쑤였다. 아마 지금 자원 개발을 위해 화성에 우주 탐사를 가겠다는 말 정도로 여겼던 것 같다. 하여간 꾸준히 해양수산부를 설득하여 작더라도 우선 정부에서 연구 사업을 만드는 게 중요했다.

북극 연구를 위해 해양수산부에 연구 계획서를 제출해야 하는데, 중국은 격년제로 설룡호를 북극해에 보낼 예정이고 2년 후에도 우리를 계속 참여시켜줄지 불확실한 상태였다. 여기저기 수소문하다 러시아 남북극연구소AARI에서 매년 북극해 바렌츠·카라해 해양 조사를 수행하고 있다는 것을 알게 되었다, 마침 연구 책임자가 평소 친분이 있던 유리 구도쉬니코프Yuri Gudoshnikov 박사라는 것도 알게 되었다. 우선 구도쉬니코프 박사를 통해 한국해양연구원-AARI 간 북극해 공동 연구 협약을 체결하고 북극해 연구에 진출할 수 있는 길을 마련하였다. 2000년 첫해는 연구비가 없으니 무료로 참가시켜주면 다음 해부터는 용선료 일부를 부담하는 조건이었다. 이를 근거로 해양수산부를 설득해 작은 규모의 북극해 연구 사업을 시작할 수 있었다.

러시아 해양 조사는 북극 바렌츠해 연안의 아르한겔스크라는 항구에서 출발해 바렌츠, 백해 지역을 30일간 조사하는 일정이었다. 승선하기 전에 미리 현미경 등 일부 장비와 연구 소모품을 항공

편으로 보냈었는데 현지에 도착해보니 짐이 아르한겔스크 세관에 압류되어 있는 상태였다. 모든 장비와 소모품에 적지 않은 세금을 내야 한다는 것이다. 가지고 간 현금도 없을뿐더러 조사선은 다음 날 출항할 예정이라 난감한 상황이었다. 급한 김에 보드카 한 병을 사 들고 세관장을 직접 찾아가서 술잔을 주거니 받거니 한 끝에 무관세로 짐을 찾아 나올 수 있었다. 이를 교훈 삼아 그 이듬해에는 모든 장비 등을 항공편에 직접 들고 갔는데, 입국 시 공항 세관에서 현미경은 물론 노트북, 위성 전화기에도 한 대당 미화 1,000달러씩 세금을 내라는 것이었다. 공항을 나가지도 못하고 모두들 황당해하고 있는데, 마침 근처에 있던 공항 포터(짐꾼)와 교섭해 50달러에 모든 짐을 캐리어에 싣고 무사 통과시킨 일도 있었다.

아무튼 이렇게 초라하게 시작된 사업은 점차 확대되어 현재는 매년 아라온호가 북극해로 파견되는 대규모의 해양 조사 사업으로 발전하였다.

국제북극과학위원회
가입

　　우리나라의 국제북극과학위원회IASC 가입을 위해 2000년 봄 영국 케임브리지에서 열린 회의에 옵서버로 참석했다. 한국의 연구 활동을 소개하고 가입에 요구되는 사항들과 분위기를 점검했다. IASC에 참석해보니 의외로 그 전에 남극 과학 기구에서 알고 지냈던 낯익은 얼굴들이 많아 큰 도움을 받고 자신감을 가질 수 있었다. 역시 세상은 좁고, 극지 연구자들 간에 끈끈한 우정과 신뢰를 느낄 수 있었다.

　　귀국 후 즉시 가입을 위한 준비에 착수해 우선 한국북극과학위원회를 설립하고 회장으로 당시 공공기술연구회 이사장이신 박병권 박사를 추대하였다. IASC 가입은 개별 연구소가 아닌 국가별

- 2001년 노르웨이 오슬로 국제북극과학위원회IASC 사무국을 방문하여 우리나라의 가입 신청서를 정식 제출했고(위), 2002년 네덜란드 그로닝겐에서 열린 회의에서 가입이 승인되어 일본, 중국 및 유럽 여러 나라 대표들로부터 축하 인사를 받고 있다(아래).

북극위원회가 해야 하기 때문이다. 추후 한국북극과학위는 남극과학위와 합쳐져 현재의 한국극지연구위원회KONPOR로 통합되었다.

IASC 가입을 위해서는 상당한 정도의 북극 과학 연구 실적(논문)이 있어야만 했다. 당시 당연히 우리나라의 북극 연구 실적은 전무한 상태였다. 가능한 방법을 모색한 끝에 우리나라 과학자 이름이 들어간 모든 북극 관련 국제 논문을 뒤졌다. 당시 해양연구소 극지연구부에 근무했던 김부근 박사(현 부산대 교수)가 미국 유학 중 참여했던 논문, 홍성민 박사(현 인하대 교수)의 프랑스 유학 중 참가 논문, 남승일 박사(현 극지 연구소)가 독일에서 쓴 논문 등 22편을 모아 제법 두툼한 자료집을 만들 수 있었다.

2001년 캐나다 이칼루이트Iqaluit에서 열린 IASC 회의에 옵서버로 다시 참석해 정회원 가입을 신청하겠다고 발표했다. 당시 IASC 회의에서 한국의 가입은 대체적으로 긍정적이었지만, 너무 갑작스런 한국의 북극 사회 등장에 모두들 당황해했다. 아마도 한국이 향후 북극 연구를 지속적으로 수행할 의지가 있는지에 대해 회의적 시각을 갖고 있었던 것 같다. 그도 그럴 것이 연구 경험이나 전문가도 없고 현재 진행 중인 연구 사업도 없는 한국이 북극 사회에 들어온다니, 연구를 빙자한 자원 개발이나 영토권 확보 등 그 저의를 의심할 수밖에 없었을 것이다.

결국 2001년 10월 오슬로 IASC 사무국에 가입 신청서를 정식으로 제출하고, 2002년 네덜란드 그로닝겐Groningen에서 열린 회의에서 만장일치로 세계 18번째로 가입이 승인되었다. 무난히 승인된 배경에는 한국이 북극 스발바르제도 '니알슨'에 연구 기지를 설치하겠다는 것이 큰 영향을 끼쳤던 것 같다. 연구 기지를 갖는다는 것은 장기적인 연구를 하겠다는 확실한 의지의 표명이기 때문이다.

북극 다산기지
설립

　　북극 기지 설립을 위해 이미 일본이 기지를 갖고 있는 스발바르 니알슨에 관심을 갖고 조사를 시작했다. 우리가 흔히 알고 있는 스피츠베르겐Spitzbergen섬이 포함된 스발바르제도는 국제법적으로 독특한 지위를 차지하고 있다. 1920년 체결된 스발바르 조약(혹은 스피츠베르겐 조약)은 스발바르제도를 노르웨이 영토로 인정하는 대신 부존된 자원에 대해서는 가입국들 모두에게 개발권을 인정하는 국제협약이다. 일본은 14개 원초 서명국으로 참여했고 우리나라는 40여 개 체약국에 속하지 못했다. 북극에 영토를 갖지 않은 한국으로서는 스발바르제도에 기지를 갖는 것이 여러 측면에서 의미가 있다고 판단했다. 우리나라 북극 다산기지 설립을 계기로 스

● 노르웨이 스발바르제도 니알슨 기지촌에는 우리나라를 비롯한 11개국의 북극 기지가 설치되어 있다.

발바르가 국내에 소개되었고, 극지연구소는 외무부에 스발바르 조약 가입을 지속적으로 요청한 결과 우리나라도 국회 동의를 거쳐 2012년 스발바르 조약에 정식으로 가입하게 되었다.

스발바르제도의 '니알슨'이란 곳에는 여러 나라 기지들이 설치되어 있는 과학기지촌이 있다. 니알슨은 원래 노르웨이의 석탄 채굴을 위해 세워졌다가 폐쇄된 마을로 추후 과학기지로 재개발된 곳이다. 다산기지가 세워질 당시 니알슨에는 이미 노르웨이, 영국, 프랑스, 독일, 이탈리아, 일본이 기지를 설치하고 있었는데, 기지촌 운영은 노르웨이 회사인 킹스베이Kings Bay가 담당하고 있다. 킹스베이는 과거 니알슨에서 석탄을 채굴하던 회사지만 지금은 노르웨이 정부 지원을 받아 운영하는 공공기관이다. 각국 기지는 킹스베이에 부탁해 건물을 새로 짓거나 혹은 기존 건물을 임대하여 사용하며, 건물 관리, 전력, 식당, 교통편 등 제반 운영은 킹스베이가 제공하는 방식이다. 따라서 이곳에 기지를 세우면 건축 공사가 필요 없고, 운영이나 보급이 매우 쉽고 저렴한 이점이 있다.

나는 우선 킹스베이와 직접 접촉해 기지 설치 가능성을 타진했다. 다행히 이탈리아가 새로 건물을 신축해 이동함에 따라 이탈리아가 쓰던 건물(현 다산기지)에 빈자리가 생긴 상황이었다. 현지 건물 등 현황 파악을 위해 2001년 10월 니알슨에 공공기술연구회 박병권 이사장을 모시고 처음 방문하게 되었다. 10월 초순 다소 늦은 시즌이라 눈도 내리고 우울한 날씨였다. 현지에 도착하자마자

연구소를 통해 아버지가 위독하시다는 급한 연락을 받았다. 하지만 나올 수 있는 비행편이 없어 며칠을 기다리는 동안 아버지가 돌아가셔서 결국 임종을 지키지 못한 만고의 불효자가 되었다.

다산기지는 이탈리아가 기지로 사용하던 건물(독신자 숙소 II)이라 손볼 데도 없었고 위치도 식당이 있는 본관과 가까워 니알슨에서 최상의 입지였다. 임대료도 저렴한 편이라, 126m² 면적을 연 임대료 130만 노르웨이크로네(약 1,600만 원)에 킹스베이 측과 계약할 수 있었다. 우리가 다산기지를 임대할 때까지만 해도 한국해양연구원과 킹스베이 간의 계약으로 쉽게 성사되었다. 이후 노르웨이 정부는 이 사실을 인지하고 추후부터는 기지 설치를 위해서는 정부 간 협의를 먼저 거치도록 하였다. 우리 다음으로 2년쯤 후에 니알슨에 들어온 중국도 우리 기지 바로 옆 건물에 '황하 기지'를 설치했다. 북극 연구에 우리보다 앞섰던 중국은 우리가 북극 기지를 설치한다는 걸 알고 깜짝 놀라 급히 킹스베이에 접근했지만, 정부 간 협의를 먼저 거쳐야 했기 때문에 우리보다 한발 늦었다. 그 후 많은 나라가 기지를 설치해 현재 니알슨에는 11개국의 기지가 들어서 있다.

다음 단계는 장기적으로 북극 기지 임대료 및 운영비 확보가 문제였다. 극지연구소가 독립하기 이전이라 해양연구원에서 다음 해 정부 예산에 반영시켜야 했지만 그게 쉽지 않았다. 당시 해양연구원은 남극 세종기지 보수 예산을 우선순위에 두고 있었기 때문에 북극 기지 관련 비용은 후순위로 밀려 있었다. 해양연구원 예산 항목에는 극지 이외에 다른 많은 해양 관련 항목이 있었고, 만약 극지 예산을 받더라도 후순위인 북극 기지까지 올 가능성은 크지 않은 상황이었다. 결국 연구원 상위 기관인 공공기술연구회 박병권 이사장의 도움을 받아 해양연구원에서 올라온 예산을 강제로 조정해 북극 기지 예산을 최상위로 올려 정부 지원을 받을 수 있었다.

결과적으로 다산기지 설립에는 성공했지만, 연구원 내에서 내 입장은 매우 난감해질 수밖에 없었다. 해양연구원 내에서 "남극 연구나 잘하지 북극까지 한다고 난리냐", "개인 연구 사업 만들려고 저러는 거다" 등 비난의 목소리가 있었고, 당시 극지연구부 내에서도 "다른 남극 연구 예산에 영향을 끼친다"는 볼멘소리가 나왔다. 지금 돌이켜보면 당시 내가 잠시 해양연구원 내 극지 연구 부서장 직을 맡고 있지 않을 때라 이런 무리수가 가능했을지도 모른다. 보직자였다면 연구원 방향에 어긋나는 사업과 예산을 추진하기 어려웠을 것이다. 가끔은 소신을 갖고 일한다는 것이 얼마나 어려운 것인지 생각해보게 된다.

우여곡절 끝에 북극 기지 개소를 준비하게 되었다. IASC 회의가 2002년 4월 25일로 예정되어 있었기 때문에 개소일은 그 직후인 2002년 4월 29일로 정해졌다. 물론 IASC 가입이 부결될 가능성도 있었지만 일단 기지 개소를 먼저 알리는 것이 승인에도 유리하다

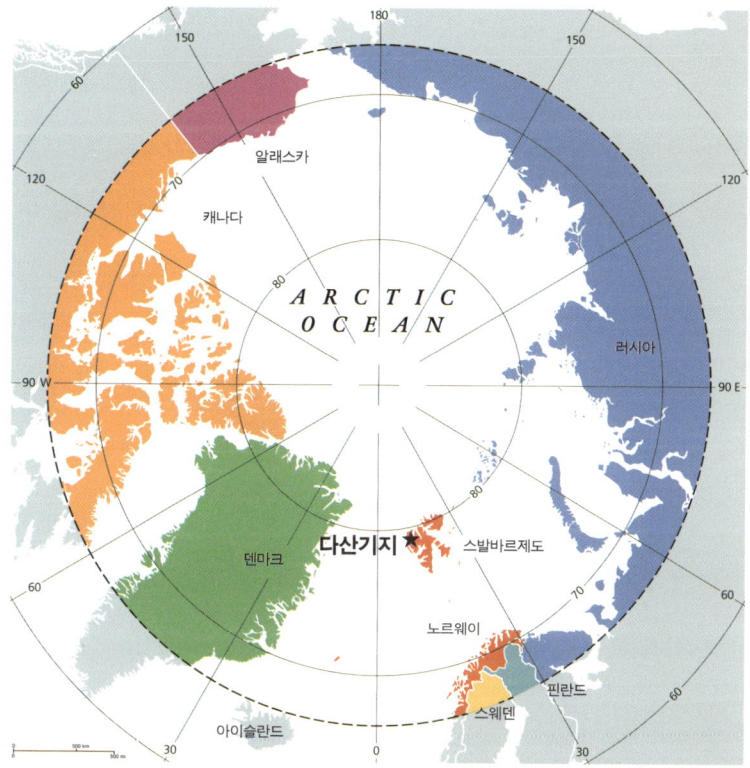

● 다산기지는 노르웨이 북대서양 위도 80도 부근에 위치한 스발바르제도 니알슨에 있다.

고 판단했다.

    기지명은 시간이 촉박해 공모할 시간도 없어 내가 임의로 정약용의 호인 '다산茶山'이라고 결정하였다. 남극에는 세종이라는 기지명이 있고 북극에도 이에 상응하는 위대한 지도자로 해야 한다는 의견도 있었으나, 나는 엄연한 과학기지인 만큼 우리도 과학자 이름을 붙이길 원했다. 그런데 불행히도 우리나라에는 과학자 하면 언뜻 떠오르는 대표적 인물이 없다. 장영실도 생각해보았지만, 외국인도 부르고 기억하기 쉽도록 다산으로 정했다. 다산 정약용은 조선 후기 실학자로 정치·법·경제·농공·지리·의학 지식을 두루 갖춘 위대한 학자였다. 특히 정조 때 수원화성 축조의 지침서를 마련한 공학자이기도 하다. 그가 만든 수원화성은 지금 유네스코 세계 유산으로 지정되어 있다. 또한 그의 형 정약전은 천주교 박해로 흑산도로 귀양 가서 우리나라 최초의 물고기 도감, 즉 『자산어보茲山魚譜』를 쓰시기도 한 분이다.

다산기지 개소식에는 당시 해양수산부 유정석 차관과 김영석 과장(후 해수부 장관)과 과기부 관계자들이 참석했다. 다산기지 개소와 함께 북극해 해양 연구 이외에 육상 연구도 숙제였다. 즉 다산기지를 중심으로 기상, 고층 대기물리, 지질, 빙하, 육상 생태 연구도 시급한 상황이었다. 마침 과학기술부에서 2001년부터 국가 지정 연구실 사업을 공모하고 있었다. 우리나라에서 가장 경쟁력 있는 과학기술을 대상으로 전국 대학 및 연구소에 국가 지정 연구실을 설치해서 5년간 지원한다는 대규모 국책 과제였다. 연구실당 연구비 지원 규모가 연간 5억 원 정도였던 걸로 기억하는데 당시에는 연구비로 상당히 큰 금액이었다. 경쟁률도 매우 높고 주로 실용화 사업 위주여서 기초과학 분야는 선정이 다소 힘든 상황이었으나, 열심히 노력한 끝에 '북극환경·자원연구실'이란 이름으로 국가 지정 연구실로 선정될 수 있었다.

다산기지 설립과 함께 해양수산부 북극해 연구 사업과 과학기술부 국가 지정 연구실 사업을 통해 우리나라의 북극 연구는 본 궤도에 오를 수 있었다. 이렇게 연구 진출로 시작된 우리나라의 북극에 대한 관심은 이후에 연구 영역을 넘어 국가 정책 및 외교 영역으로 발전하게 되었다. 우리나라는 북극 관련 유일한 국가 간 국제기구인 북극이사회 Arctic Council에 2008년부터 임시 옵서버로 참여하였는데, 이는 2011년에 참가한 일본보다 한발 빠른 것이었다. 북극이사회는 북극권에 영토를 갖고 있는 미국, 캐나다, 러시아, 노르웨이, 핀란드, 스웨덴, 아이슬란드, 덴마크(그린란드 소유) 등 단 8개국만으로 구성된 국가 간 협의기구로서 1996년 설립되었다. 한국, 중국, 일본, 인도, 이탈리아, 싱가포르 6개국은 2013년 동시에 북극이사회 영구 옵서버 자격을 얻게 되었다.

2018년에는 해양수산부가 주관이 되어 '북극 활동 진흥 기본계획'이 마련되었다. 이는 중국·일본보다 빠르게 마련된 우리나라의 국가 북극 정책 백서이다. 주변국보다 다소 늦게 시작한 우리나라의 북극 진출은 불과 20년도 안 된 짧은 기간에 과학 연구를 넘어 정치외교, 경제 등 모든 면에서 완전한 모습을 갖추게 된 것이다. 결과적으로 2012년 북극에 소소하게 설립되었던 다산기지가 밀알이 되어 이제 한국을 세계적으로 당당한 북극권 이해 당사국으로 꽃피우게 한 것이다.

● 북극 스발바르제도 니알슨에 설치된 다산과학기지.

● 국제북극과학위원회IASC에서 한국의 활동을 소개하고 있다(위). 우리나라는 북극이 사회에 영구 옵서버로 참여하고 있다(아래).

● 북극에서 여름철 꽃을 피우는 야생화 '자주범의귀'(위). 기후변화로 해빙이 사라지자 갈 곳을 잃은 북극곰들이 먹이를 찾아 인간 거주지에 나타나기도 한다(아래).

고 전재규 대원의 희생

2003년 12월 7일 세종기지에서 월동대원이 순직하는 인명 사고가 생겼다. 사고는 날씨가 좋지 않은 상황에서 항공기로 철수하는 인원들을 조디악Zodiac이라 불리는 고무보트로 맥스웰만을 건너 10km 떨어진 칠레 기지 비행장에 데려다주고 오면서 시작되었다. 세종기지로 돌아오던 고무보트가 갑자기 불어닥친 눈보라와 높은 파도로 전진하지 못하고 뱃머리를 돌려서 가다가 가까스로 인근 넬슨섬으로 피신하게 되였다.

넬슨섬에 상륙하는 과정에서 높은 파도로 보트는 유실되고 타고 있던 대원 3명은 온몸이 젖은 상태로 섬으로 올라와 종이상자를 덮고 피신하게 되였다. 기지에는 무전기로 이 사실을 알렸지만, 며칠간 계속되는 블리자드로 구조 불가능한 상태가 지속되었다. 계속되는 추위와 굶주림으로 대원들의 생사가 기로에 서게 되었고 무전기도 배터리가 다해 연락이 두절되었다. 이 상황에서 기지에 남아 있던 다른 대원들은 발만 동동 구를 뿐 구조할 다른 방법이 없었다. 며칠 후 잠시 블리자드가 조금 잦아들자 기지에서는 대기하고 있던 구조대를 실은 고무보트를 출발시켰다. 구조대원 중 당시 서울대학교 대학원생으로서 세종기지 월동대 연구원으로 파견되었던 전재규 대원이 GPS로 길을 찾았다. 구조대 보트는 칠레기지로부터 해안가를 따라 실종 대원을 수색하던 중 갑자기 보트가 뒤집히면서 모두 바다로 빠졌다. 기지에는 보트가 뒤집혔다는 무선통신 직후 통신이 끊어졌고 7명의 대원이 다시 실종되는 대형 사고가 되었다. 첫 번째 실종 팀은 섬 어디선가 생존 가능성이 컸지만 구조대의 생사는 비관적인 상태였다.

당시 이 사건은 국내에서도 언론에 매우 크게 보도되었고 연일 신문 1면을 장식했다. 정부에서도 총리실에 비상대책반이 구성되고 나도 대책반 회의와 기자 브리핑 등으로 정신없었던 기억이 난다. 우리나라에서는 대개 이런 사건이 터지면 사건 경위나 원인에 대한 보도보다는 사고 보고가 제대로 이루어졌는지, 예를 들어 현지 발생 시간, 연구소에 보고한 시간, 정부에 보고한 시간에 차이가 있는지 등 지엽적인 문제에 더 큰 질문과 질타가 이어진다. 다행히 당시 언론 보도는 열악한 환경에서 목숨을 걸고 근무하는 대원들에 대한 동정과 연민에 초점이 맞추어졌었다.

　　사고 직후부터 인근 기지에 수색 협조를 부탁하고 기상 상태가 개선되면서 실종 구조대원 7명 중 6명의 생사가 확인되었다. 보트 전복 직후 수색에 나섰던 대원들은 해안으로 헤엄쳐 상륙했지만, 불행히도 고故 전재규 대원만은 생존하지 못했다. 생존자들은 기어서 인근 대피소로 이동해 가까스로 동사를 모면할 수 있었다. 고 전재규 대원의 유해는 후에 해안가에서 발견되었다. 세종기지 해상 사고는 대형 인명 사고에서 1명 희생으로 끝나 불행 중 그나마 큰 인명 피해는 면할 수 있었다.

　　전재규 대원의 유해는 칠레 공군기 편으로 남극에서 칠레를 경유해 인천공항으로 운구되어 해양연구원에 빈소가 차려지고 장례는 연구원장葬으로 치러졌다. 당시 사고는 언론에 크게 보도되어 국민적 관심이 된 탓에 장례식장에 방송사 중계차를 포함해 많은 정부 관계자와 국회의원들이 다녀갔다. 그러나 지금도 무엇보다 또렷이 가슴에 남는 것은 오열하는 부모님 모습이었다. 남극 연구를 한다며 떠났던 생때같은 외아들을 싸늘한 주검으로 맞이한 어머니의 심정을 누가 감히 이해할 수 있겠는가. 어머니의 마지막 유일한 소원은 전재규 대원을 국립묘지에 안장하는 것이었다. 전재규 대원은 동료를 구출하다가 순직한 의사자로 인정되었지만, 당시 국립묘지법에 따르면 군인이나 순국선열, 순직 경찰·소방관 이외에는 국립묘지 안장이 불가능했다. 그 후 끈질긴 민원과 호소가

● 2003년 순직한 전재규 대원의 유해는 2007년 대전 국립현충원 의사자 묘역으로 이장되었다.

계속되어 의사자도 국립묘지 안장이 가능하도록 법이 개정되었고, 2007년 전재규 대원은 대전 국립현충원 의사자 묘역으로 이장되었다.

    젊은 나이에 극지 연구에 헌신하다 순직한 전재규 대원의 고결한 의지와 희생은 우리나라 극지 연구 역사에 길이 남을 것이다. 다음 해 2004년 한미 공동 연구팀이 미국의 남극 조사선 '로렌스 굴드'호를 타고 남극반도 주변을 탐사하다가 새로 발견한 해저 화산의 명칭을 '전재규 화산'으로 정식 명명하였다. 전재규 대원의 흉상은 남극 세종기지와 현재 인천 송도의 극지연구소 앞에 세워졌으며, 그의 부모님이 모교인 서울대에 기부하신 발전기금으로 매년 전재규 추모 학술대회가 개최되고 있다.

극지연구소
설립

해양연구소가 한국해양연구원으로 명칭이 바뀐 후 그 안에서 극지 연구를 하던 연구원들의 바람은 해양에서 분리되어 독자적 연구소를 세우는 것이었다. 극지 연구의 특성에 맞추어 독자적인 계획을 세우고 실천하며 극지 활동의 특수성을 반영한 규정이나 제도를 도입하는 것이 절실했다. 사실 극지 연구는 해양뿐만 아니라 대기, 지질, 천문·우주 등 지구과학은 물론 생물, 물리, 화학, 공학 전 분야를 다루는 종합 과학이기 때문에 좀 더 넓은 시각에서 보아야 당연할 것이다. 예산의 경우를 보더라도 해마다 해양연구원이 해양 혹은 극지 어느 쪽에 비중을 두느냐에 따라 한쪽은 피해를 보게 된다.

사실 극지연구소의 설립 논의는 2002년부터 시작되었다. 당시 한국해양연구원이 마련한 정책 보고서에 따르면 장기적으로 극지 연구 활성화를 위해 연구원 내부의 극지연구본부를 부설 연구소로 확대 개편하는 것이 필요하다는 의견이었다. 이는 일본의 국립극지연구소와 같은 체제, 즉 연구와 보급 활동을 함께 수행하는 연구소 모델을 제안한 것이다. 미국, 프랑스, 이탈리아 같은 나라는 연구소에서 기지 운영이나 보급에 주력하고, 실제 연구는 주로 대학이나 다른 연구소에서 참여하여 수행한다. 반면 일본, 독일의 경우는 극지 연구기관에서 보급과 연구를 모두 주도적으로 수행하고 있다.

해양연구원 내에서는 보고서를 바탕으로 몇 차례 논의가 있었으나 예상했던 대로 내부적으로 극지연구소 독립에 대해서는 부정적이었다. 당연히 어떤 기관이든지 자기 기능이나 역할을 축소시키는 방안에 찬성하지 않을 것이다. 당시 우리나라 국가 연구소 체제를 보면 모든 정부 출연 연구소가 국무총리실 산하에 있었다. 그 전에는 연구소들이 각 부처 산하에 있다 보니 부처의 간섭이 심하고 연구소 간 협업이 원활히 이루어지지 못했다. 그리하여 김대중 정부에 들어오면서 1999년 모든 정부 출연 연구소를 총리실 산하로 모으고 이를 관리하기 위해 공공기술, 산업기술, 기초기술 그리고 경제인문사회연구회를 설치하였다. 한국해양연구원은 공공성이 강해 공공기술연구회 산하 기관이었다. 정부 출연 연구기관들

● 2004년 극지연구소 개소식(위). 2006년 인천 송도 이전 기념행사(아래).

은 행정적으로는 각 이사회 소속 기관이었지만 연구비 등은 각 정부 부처에서 수주하였으므로 해양연구원은 해양수산부로부터 가장 많은 연구비 지원을 받고 있었다. 따라서 극지 연구도 해양수산부의 관심과 지원을 받는 것이 매우 중요했다. 이름에서 보듯이 해양수산부는 당연히 해양이 주된 관심이지만, 극지는 보는 시각에 따라 과학기술부(과기부) 소관으로 볼 수도 있다.

그런 가운데 2002년 4월 우리가 국제 북극과학위원회IASC에 가입하고 더불어 북극 다산기지를 설치하면서 북극 진출에 대한 해수부의 큰 관심과 지지를 받게 되었다. 북극은 북극해 항로 개발 등 해양과의 관련성이 남극보다는 더욱 밀접한 곳이다. 다산기지 설립을 계기로 해수부의 전폭적인 지원을 받게 되면서, 해수부는 2002년 7월 국가과학기술위원회에 '극지 과학 기술 개발 계획'을 보고하고 극지 주관 부처로서의 입지를 확실히 하게 된다. '21세기 해양 영토 개척'이라는 제목의 보고서에서 남북극의 중요성, 국가 전략 수립 필요성, 쇄빙선 건조, 남극대륙 기지 건설, 극지연구소 설립 등 로드맵이 제시되었다.

해양연구원의 상급 부서인 공공기술연구회에서 2002년 12월 극지연구소 설립안을 마련했지만, 예산처와 협의가 이루어지지 못해 이사회에 상정되지 못했다. 그 후 2003년 공공기술연구회 주관으로 '한국해양연구원 경영 진단 및 발전 방향'이라는 정책 연구가 다시 수행되었고, 그해 7월 보고서에 극지연구소 부설화를 발전 방향으로 제시하였다. 이사회 경영 진단 보고서 결과에 따라 해양연구원은 2003년 9월 극지연구본부를 극지연구소로 명칭을 바꾸고 나를 소장으로 임명하였다. 그러나 이는 별도 기관은 아니고 해양연구원의 내부 부서로서 이름만 바꾼 것이었다. 그 후에도 별다른 조치나 변화 없이 부설화는 더 이상 진행되지 못하고 있었다.

부설 연구소란 모체인 연구원으로부터 떨어져 독립적인 예산권과 인사권을 갖는다. 실질적으로 독립 연구기관과 다름이 없다. 따라서 부설 극지연구소 설립은 우선 본원인 해양연구원에서 반대하였고 정부의 예산 당국에서도 기피하는 대상이 된다. 부설 기관이 설립되면 자연히 관련 예산과 인력 증원이 따르게 되기 때문이다.

2003년 12월 세종기지 조난 사고로 전재규 대원이 순직하면서 사회적으로 남극 기지에 대한 열악한 국가 지원 및 운영의 문제점 지적과 질타가 이어졌고, 실태 파악을 위해 2004년 1월 정부 합동 조사단이 현지에 파견되었다. 나도 현장 조사단에 함께 참여하여 열악한 환경 속에서 수행되는 남극 연구는 정부의 관심과 지원이 필수적이며, 특히 남극 전용 쇄빙선의 필요성을 강조하였다. 정부 합동 조사단은 귀국 후「남극 세종과학기지 운영 개선 및 극지 연구 활성화 대책 방안」이라는 보고서를 통해 극지 연구 활성화를 위해서는 부설 연구소 설립, 쇄빙선 확보, 제2기지 건설이 필요하며 이를 위해 과학기술부, 해양수산부, 기획예산처, 국방부, 외교통

상부, 산업자원부, 환경부의 협력이 필요함을 강조했다. 이 보고서로 인해 부설 극지연구소 설립에 동력이 붙기는 했지만, 여전히 난관이 산적해 있었다.

공공기술연구회에서는 부설 기관 설립에 적극적이었으나 해양연구원은 여전히 소극적인 자세를 취했고 극지 소속원들만 본원 눈치를 보며 애를 태우고 있었다. 부설 연구소 설립의 최종적인 승인은 역시 예산권을 거머쥔 당시 기획예산처에 달려 있다고 볼 수 있다. 기획예산처는 국가의 모든 예산을 취합하는 부처로서 당연하겠지만 새로운 기관의 설립 등 추가로 예산이 들어가는 사안에 대해서는 부정적 입장을 취한다. 당시 나는 문턱이 닳도록 기획예산처를 방문해 극지연구소가 부설 기관이 돼야 하는 당위성을 말하고 부설이 되더라도 추가 예산이 들어가지 않는다고 역설했지만, 예산 당국자들을 설득시키기는 쉽지 않았다. 열쇠를 쥐고 있는 기획예산처 국장, 차관, 장관을 만나기 위해 새벽 6시부터 기획예산처(당시 반포동 서울지방조달청 청사에 위치) 앞에서 기다리다 출근하는 국장, 장·차관을 만나 설득하고 읍소했던 기억이 난다. 이런 힘겨운 노력 끝에 결국 기획예산처의 승인을 받아 2004년 4월 16일 극지연구소 설립이 의결되었다.

정말 어렵게 극지연구소 설립이 가결되었지만 정작 힘든 일은 이제부터 시작이었다. 우선 설립이 4월이다 보니 예산은 기존 해양연구원의 극지 부분 예산을 쪼개 받아야 할 형편이었고, 인원도 해

● 극지연구소가 인천으로 이전할 당시 송도 지구는 갯벌 매립이 한창 진행되고 있었다. 위 사진의 가운데 도로 왼편 바다 쪽 끝이 현재 극지연구소 부지였다. 아래 사진은 송도 바이오 단지에 건설된 현재의 극지연구소.

양연구원으로부터 소속을 이관받고, 연구실, 사무실 공간도 할애받아야 할 형편이었다. 예상했듯이 부설 기관으로 독립한 이후 해양연구원 본원은 인원, 예산, 공간 분리에 매우 냉랭한 입장을 취했다. 이제부터는 다른 살림이다 보니 당연한 처사겠지만 매우 섭섭하게 느껴질 수밖에 없었다. 우선 인원 구성은 소속원 모두의 자유의사에 따라 해양연구원에 남든지 극지연구소로 넘어오게 하였다. 극지 연구에 관심이 있었던 해양연구원 소속 연구원 4명이 극지연구소로 오고 극지연구소 2명이 해양연구원으로 옮겨가 연구원 29명과 행정원 2명 등 총 31명의 인원으로 출발하였다. 예산은 세종기지 운영비, 극지 부분 연구비 등 연 120억 원으로 시작했던 것으로 기억한다. 현재 연간 예산이 약 1,200억 원이 넘으니 극지연구소는 설립 이후 약 10배 이상 성장했다고 볼 수 있다.

 연구실 공간 문제를 보더라도 당시 경기도 안산에 위치한 해양연구원 내에서는 달리 해결할 방안이 없었다. 연구 분야가 넓어짐에 따라 각종 실험실 공간이 필요하게 되는데 해양연구원에서는 추가로 공간을 얻기가 불가능했다. 따라서 여기저기 장소를 물색하다가 우연히 인천 송도 지역이 눈에 들어왔다. 신규 개발 지역이라 부지를 얻을 가능성도 있었고 무엇보다 인천공항에서 가까워 해외 출장이 잦은 극지연구소로서는 적절한 위치였다. 2006년 극지연구소 이전 당시 송도는 이제 막 매립이 끝나고 신규 분양된 아파트와 몇 개의 건물만이 들어서 있던 황량한 벌판이었다. 그나마 송도에서 유일했던 20층 고층 건물인 갯벌타워 일부를 임대할 수 있었다.

송도 이전에 대해 극지연구소 직원들의 반발이 극심했다. 그도 그럴 것이 그동안 생활 터전인 안산을 떠나 허허벌판인 송도로 이전한다니 좋아할 리가 없었다. 지금은 지하철도 들어오고 교통이 편리하지만 당시에는 송도로 들어오는 대중교통도 거의 없는 시대였다. 그러나 독립 기관으로 거듭나기 위한 새로운 전기 마련이 필요했고, 신생 연구소로서 향후 새로운 비전을 보여주면서 직원들을 달래고 설득해 결국 송도 신도시로 이전할 수 있었다. 성충이 되어 날아오르기 위해 스스로 고치를 뚫고 나오는 것처럼 연구소의 미래를 위해 고통을 감내해준 연구소 직원들의 결단에 감사한다. 그 덕에 지금의 극지연구소가 송도에 우뚝 서게 된 것이다.

'닮고 싶고 되고 싶은 한국의 과학기술인' 선정

　　과학기술부는 청소년의 이공계 진출을 촉진하고 과학에 대한 일반 대중의 관심과 흥미를 제고하기 위해 우리나라에서 훌륭한 업적을 이룬 과학기술인 중 청소년에게 모범이 되는 과학기술인 10여 명을 매년 '닮고 싶고 되고 싶은 과학기술인'으로 선정하였다. 나는 2005년 닮고 싶고 되고 싶은 과학기술인'으로 선정되어 지면에 소개된 바 있다. 다음은 선정과 관련하여 《과학동아》(2005년 12월호)에 게재된 글이다.

● 2005년 '닮고 싶고 되고 싶은 한국의 과학기술인' 시상식에서 당시 오명 부총리로부터 상패를 받았다.

만년의 빙원에서 꿈을 이룬
극지연구가 김예동

"그때까지만 해도 남극에 다시 돌아갈 거라곤 믿지 않았죠."

김예동 한국해양연구원 극지연구소장은 세계적으로 인정받는 몇 안 되는 극지 전문가다. 호주를 출발해 7시간의 비행 끝에 도착한 낯선 하얀 대륙이 '평생지기'가 될 줄은 꿈에도 몰랐다. "꼭 다시 돌아올 테니 한번 두고 보라"며 웃던 미국인 지도교수의 말은 그대로 들어맞았다. 산과 여행이 너무 좋아 지구를 좀 더 공부해보고 싶어 선택한 전공이었지만 남극 연구는 전혀 예상치 못한 일이었다. 29세였던 한 청년은 그렇게 한국 최초의 남극 방문자로 기록됐다.

"세상이 온통 하얗고 파랬어요. 단조로울 것만 같지만 두터운 눈을 꿰뚫고 뿜어 나오는 남극 활화산의 증기는 정말 살아 있는 느낌이었죠." 비행기에서 내리자마자 눈 앞에 펼쳐진 끝없는 설원과 하늘색에 한동안 그는 눈을 뗄 수가 없었다고 한다. 우연한 기회로 들어선 '얼음나라'의 좋은 첫인상에 영하 20℃ 살을 에는 추위는 순식간에 잦아들었다. 그 뒤 김 소장은 남극의 홍보대사로, 최초의 남극 기지 설립 주역으로, 극지 연구자로 이름을 떨치며 한국의 극지 개발의 현장을 넘나들었다.

대학을 졸업한 뒤 유학길에 올랐던 김 소장의 원래 전공은 중력이었다. 하지만 장학금을 받아 공부를 마치겠다고 생각한 그의 예상은 빗나갔다. 연구기금 지원 중단으로 장학금을 더 이상 줄 수 없다는 학교 측의 통보 때문이었다. 보다 못한 미국인 지도교수는 그에게 장학금을 줄 수 있는 새로운 스승을 소개했다. 물론 전공을 바꿔야 한다는 전제를 달았다. '남극에 갈지 공부를 그만둘지'를 결정해야만 하는 순간이었다. 결정은 명쾌하고 짧았다.

훌쩍 올라탄 남극행 비행기

그의 첫 남극 탐험의 시작은 그리 순조롭지 못했다. 1983년은 그에게 참기 힘들 정도로 고통스러운 한 해였다. 당시 항공기관사로 근무하던 김 소장의 형은 구소련 전투기에 피격된 대한항공 여객기에 타고 있었다. 남극에 첫발을 내딛기 불과 석 달 전에 일어난 일이었다.

그러나 김 소장은 "또다시 자식을 잃을 수는 없다"던 부모님의 만류를 무릅쓰고 미지의 세상을 밟기로 마음먹었다. 알 수 없는 힘이 그를 이끌었다. "아마도 형의 보이지 않는 격려 때문이었던 것 같아요. 삶의 전환점을 맞을 때마다 먼저 세상을 떠난 형을 떠올립니다."

3개월간의 첫 탐험에서 그는 남극의 매력에 흠뻑 빠져버렸다. 짧다면 짧지만 남극의 가능성을 발견하기에 충분한 시간이었다. 돌아오자마자 그는 살아 있는 대륙 남극을 사람들에게 알리기 시작했다. 자신의 경험담을 신문에 기고했고 지인에게도 알렸다. 그가 목격한 남극은 더 이상 미지의 척박한 땅이 아닌 가능성이 충만한 '엘도라도'였다.

1987년 그는 열악한 근무 조건에도 불구하고 선뜻 고국의 극지 연구에 동참했다. 극지야말로 자원 빈국의 유일한 대안이라는 소신 때문이었다. 남극 세종기지에서 첫 겨울을 날 월동대가 사용할 물품 하나하나를 챙기는 것부터 기지 설계까지 모두 그의 몫이었다. 두 번의 월동대장, 스무 번이 넘는 남극 방문을 경험한 그의 이름 뒤엔 언제나 '세계적인 극지 전문가'라는 비공식 직함이 따라다닌다.

"재규야, 재규야"

힘들기로 악명 높은 남극 연구 중에도 특유의 여유를 잃지 않는 그지만 결코 잊을 수 없는 사람 하나가 있다. 지난 2003년 조난된 동료를 구조하러 나섰다가 목숨을 잃은 고 전재규 대원이다. 전 대원 이야기를 꺼내자 김 소장의 눈가는 금방 촉촉이 젖었다. 전 대원은 김 소장보다 정확히 20년 뒤 남극 땅을 밟은 앞길 창창한 후배였다. "뭐라고 말할 수 없었어요. 유능하고 열정에 넘치던 후배 하나를 영영 돌아올 수 없는 길로 떠나보낸 겁니다. 책임이 큽니다."

그러나 전 대원은 세상에 많은 것을 남기고 떠나갔다. 특히 연구소의 위상이 높아지고 남극 연구자들의 오랜 숙원인 쇄빙선의 건조가 시작된 것도 모두 전 대원 덕분이다. 김 소장이 열 일 제치고서라도 쇄빙선 사업에 남다른 관심을 쏟는 것도 더 이상 후배를 허망하게 떠나보내지 않겠다는 자신과의 약속 때문이다. 그렇게 젊은 후배의 죽음은 선배의 연구자에게 새로운 의욕을 심었다.

"극지는 지구상에 얼마 남지 않은 천혜의 실험실입니다. 하지만 지금까지 극지 연구의 중요성은 특별히 부각되지 못했습니다." 김 소장이 강연 활동과 집필에 특별한 의미를 두는 까닭도 극지 연구에 대중들의 관심을 끌어모으기 위해서다. 엄혹한 극지 연구는 사람들의 훈훈한 관심을 먹고 크는 연구 분야라고 그는 강조한다.

요즘은 상황이 많이 바뀌었지만, 극지의 열악한 근무 조건에 고개를 돌리는 젊은 후배들을 볼 때마다 자신의 역할을 다시 한번 되뇐다.

북극 다산과학기지로 또 다른 도전

첫 남극 탐험에서 돌아오는 날 그는 펭귄 인형 하나를 사 들고 왔다. 오랜 비행에 지친 몸을 이끌고 남극 땅에 발을 디뎠을 때 그를 처음 반긴 것은 바로 펭귄이었다. 언제나 그래왔다는 듯 낯선 외지인의 방문을 그저 물끄러미 바라보는 설원에서의 첫인사. 지금도 펭귄을 볼 때마다 마음은 수만 리 떨어진 설원을 달린다.

그러나 김 소장에게 남극이 탐험의 종착지는 결코 아니다. 2001년 그는 약육강식의 국제 질서가 지배하는 '야생의 설원' 북극이라는 새로운 미지로 탐구를 시작했다. 배타적이기로 악명 높은 북극 연구와 개발에 한국은 비교적 수월하게 진출할 수 있었다. 북극 다산과학기지는 그 결과로 세워졌다. 한국의 극지 연구팀이 18년간 극지 연구에서 보여온 열정이 비로소 국제적으로 인정받은 셈이다.

극지 연구 과정에서 예상외의 수확도 얻었다. 1992년 1월 김 소장의 연구팀은 세종기지가 위치한 남극 주변 해저에서 국내 연간 천연가스 소비량의 300배에 달하는 가스수화물층을 발견했다.

● 남극 황제펭귄과 함께.

가스수화물은 얼음 속에 갇혀 있는 메탄가스. 현재의 에너지 고갈 문제를 해결할 수 있는 차세대 에너지로 기대를 모으고 있다. 연구팀은 2003년 7월 북극 오호츠크해 일대에서도 가스수화물층을 발견하는 성과를 거두기도 했다.

오는 2007년은 그를 포함한 극지 연구자들에게 특별한 의미가 있는 해다. 50년마다 찾아오는 북극과 남극의 환경 보호와 평화적 이용을 기념하기 위해 제정된 '국제 극지의 해'이기 때문이다. 한국을 포함한 여러 나라는 이를 기념해 흥미로운 행사를 개최할 계획이다. 남극이 여름을 맞는 2007년 12월~2008년 1월 남극 내 각국 연구소의 원정대가 일제히 남극점을 향해 출발하는 이 행사엔 한국도 당당히 참여할 예정이다.

"비록 18년의 역사밖에 안 됐지만 극지 연구에서 한국은 수준 높은 결과를 내놓고 있어요. 이미 50년 전 극지 연구를 시작한 선진국들도 우리를 높게 평가하고 있답니다. 모두가 열악한 환경에서도 묵묵히 따라와 준 연구원들 덕분입니다."

1년의 반은 낮, 반은 밤인 땅. 대낮에는 세상이 온통 하얘 거의 아무것도 보이지 않고 갑자기 몰아치는 눈 폭풍이 일상인 하얀 대륙에 쏙 빠져버린 한 청년 과학도는 어느새 중년의 과학자가 됐다.

쇄빙 연구선
아라온호의 건조

세종기지 앞바다는 여름 기간 해빙이 완전히 녹아 쇄빙선 없이도 접근이 가능한 지역이기 때문에, 기지를 건설할 당시에는 쇄빙선이 없는 상황에서 선택지가 거의 없었다. 따라서 아라온호 건조 전까지의 남극 연구는 작은 배를 임대하여 세종기지를 중심으로 약 100km 지역 내 바다에서 수행되었고, 이는 호주대륙의 2배나 되는 방대한 대륙을 연구하기에는 우물 안 개구리 처지에 지나지 않았다. 이에 2002년 국가과학기술위원회에서는 향후 우리나라의 극지 연구 활동 진흥을 위해 남극대륙에 제2기지를 건설하기로 하고 이를 보급 지원하기 위해 쇄빙 연구선을 건조하는 '극지 과학 기술 개발 계획'을 확정했다. 쇄빙선 건조와 아울러 극지연구소는 남극대륙 제2기지(훗날 장보고기지) 건설을 위한 기획 연구를 시작하였다.

가장 먼저 쇄빙선 건조가 추진되었다. 국가 예산으로 추진되는 사업은 일정 금액 기준이 넘으면 사전에 예비타당성 조사가 선행되어야 한다. 국가의 도로, 철도 건설 등 대형 국가 사업의 예산 소요가 제기되면 사전에 경제성 검토를 하는 것이다. 무분별한 사업 계획과 예산 낭비를 억제하기 위한 효과적 방안이다. 그러나 사업 성격과 무관하게 사업비 액수만을 기준으로 타당성 조사가 수행되다 보니, 기초과학 연구비 같은 예산은 타당성 조사를 통과하기가 쉽지 않다. 순수 과학 연구를 통해 미래에 얼마의 경제적 이익을 얻을 수 있는지에 대한 객관적인 숫자를 추정하기 어렵기 때문이다. 당시 산업연구원KIET과 협력하여 정말 간신히 기준치를 조금 넘는 타당성 조사 결과를 만들어낼 수 있었다. KIET 연구원들과 머리를 맞대고 밤을 세워가며 타당성 보고서 내 숫자들과 씨름했던 기억이 난다. 아라온호 건조 후 15년이 지난 지금 남극과 북극에서의 우리나라 활동과 국가 위상 제고를 돌이켜볼 때 가장 성공적인 정부 투자 중 하나가 아닌가 생각한다.

2005년 쇄빙선 건조 사업이 시작될 당시 우리나라는 이미 세계 최대의 조선소와 조선 능력을 갖추었지만 쇄빙선은 아직 건조해 보지 못한 상황이었다. 따라서 쇄빙선 건조 기술에 관한 오랜 역사와 독보적 기술을 지닌 핀란드 조선소와 협력해 빙해 수조 테스트

● 극지 연구선 아라온호는 우리나라에서 처음으로 건조된 쇄빙선으로 남극 기지 지원과 연구를 위해 2009년 건조되었다.

● 남극 로스 빙붕 앞에 우뚝 선 아라온호. 빙붕은 육지와 연결되어 바다 멀리까지 떠 있는 빙하를 말하는데 로스 빙붕은 프랑스만 한 면적에 두께가 750m에 달한다.

와 설계를 거쳤다. 빙해 수조란 길이 약 50m, 폭 30m 이상의 실내 풀을 만들고 온도를 낮추어 표면을 얼린 후 1/20 정도로 축소한 선박 모형을 만들어 수조에서 쇄빙 성능을 테스트할 수 있는 시설이다. 당시에는 국내에 그런 테스트 시설이 없었지만 현재는 우리나라에도 선박해양플랜트연구소KRISO에 설치되어 있다.

설계 후 입찰을 통해 2007년부터 한진중공업에서 건조를 시작하여 2009년 11월 건조가 완료되었다. 최종 인수하기 전 쇄빙선의 가장 중요한 성능인 쇄빙 능력 현장 테스트만을 남기고 있었다. 아라온호 쇄빙 능력은 1m 두께의 해빙을 3노트의 속도로 깨면서 계속 나아갈 수 있도록 설계되었다. 실제 쇄빙선이 해빙을 뚫고 나

갈 때는 얼음의 두께가 일정하지 않기 때문에 두꺼운 얼음을 만나면 전진과 후진을 반복하며 나아간다. 이러한 쇄빙을 반복하면 시간과 연료의 소모가 많기 때문에 쇄빙선도 보통은 사전에 위성사진을 보고 해빙 사이의 갈라진 틈을 따라 지그재그로 나아간다. 아라온호는 쇄빙 능력 현장 테스트를 위해 2009년 12월 남극을 향해 출항하였다. 남극대륙 제2기지 건설 후보지 조사와 함께 수행된 남극해 테스트 항해에서 아라온호는 충분한 쇄빙 능력을 입증했다.

3장

한국 극지 연구의 도약

남극대륙
제2기지 건설 구상

　　남극에는 현재 22개국에서 43개의 월동 기지를 운영하고 있다. 월동 기지란 연중 대원들이 상주하는 기지를 의미하며, 여름에만 운영되는 하계 기지까지 합치면 남극의 기지는 70개가 넘는다. 남극의 월동 기지 대부분은 단 3곳만 제외하고는 모두 해안가에 위치한다. 일부 지역을 제외하고 대부분의 남극 해안은 여름에도 두꺼운 해빙으로 둘러싸여 있기 때문에 쇄빙선이 없으면 접안이 불가능하다. 육지에서 바다로 이어지는 해빙을 정착빙fast ice이라고 부르는데, 정착빙의 폭과 두께는 지역적으로 해마다 크게 차이가 난다. 여름철 미국 맥머도 기지에 접근하려면 수십 미터 두께의 해빙을 뚫고 100km 이상을 들어가야 했었다. 최근에는 온난화로 남극의 해빙도 감소해 두께와 폭이 많이 줄어들었다. 정착빙이 최대로 줄어드는 시점은 늦여름이기 때문에 이때 들어가면 너무 늦어 활동할 기간이 짧고 기상도 악화되므로 하역이 어렵게 된다. 그렇다고 너무 일찍 들어가면 두꺼운 해빙으로 접근 자체가 어려워서 매년 적절한 타이밍을 찾는 것이 중요하다.

일본 쇼와Syowa 기지는 인도양에 면한 남극 엔더비 랜드Enderby Land에 있는데 이곳은 남극에서도 가장 접근이 힘든 지역이다. 어떤 해는 강력한 쇄빙선으로도 기지로부터 수십 km 떨어진 곳까지만 접근할 수 있다. 이런 경우는 연료 및 필수 보급품 정도만 헬리콥터로 하역할 수밖에 없다. 1957년에 건설된 쇼와 기지는 1차 월동이 끝나고 다음 해 쇄빙선이 2차 월동대와 보급품을 싣고 도착했으나 기지에서 140km 떨어진 곳에서 해빙에 갇혀 움직일 수 없게 되었다. 기상마저 악화되자 1차 월동 대원만 간신히 비행기로 구조하고 2차 월동은 포기하고 귀국하게 되었다. 이 과정에서 기지에 열다섯 마리의 썰매 개들을 묶어놓은 채 철수할 수밖에 없었다. 1959년 1월 3차 월동대가 다시 기지에 도착했을 때 2마리의 개가 겨울을 이기고 살아서 재회할 수 있었다. 이 개들 이름은 '타로'와 '지로'로 지금까지 일본 남극 연구의 상징이 되었다. 타로와 지로는 모두 가라후토(사할린의 일본 이름) 견종으로 어떻게 목줄을 풀고 남극의 겨울 동안 생존했는지 신비스럽다. 아마도 물개를 사냥해 먹으며 겨울을 지낼 수 있었을 것으로 추측된다.

● 쇼와 기지에서 살아남은 썰매 개 타로와 지로는 일본 남극 탐험의 상징이 되었다.

우리나라는 1986년 남극조약에 가입하고 1988년 킹조지섬에 세종과학기지를 건설함으로써 연구를 통한 남극 진출에 시동을 걸었다. 그 후 22년간 성공적으로 남극 기지 운영과 연구 활동 확대를 이루었으며, 2002년에는 북극에도 다산과학기지를 설치하여 극지 국가로서의 위상을 강화하였다.

세종기지는 남극에서는 비교적 저위도인 남위 62도에 위치하여 다소 온화한 기후로 펭귄 등 생물 개체 수가 많아 생물 연구 등에 유리한 장점이 있으나, 섬에 위치하여 활동 범위가 제한되고 특히 극지 연구의 핵심 분야인 대륙 빙하로의 접근이 불가능한 한계를 가지고 있다. 킹조지섬도 빙하에 덮여 있기는 하지만 여름철 영상의 기온으로 겨울철 쌓인 눈의 표면이 일부 녹아 빙하가 연속성을 갖지 못한다. 남극의 빙하는 연중 쌓인 눈이 녹지 않고 아래로 점점 눌려 얼음으로 변하기 때문에 여름에도 녹지 않아야 연속적인 기후 기록을 지니게 된다.

킹조지섬 주변은 여름 기간에 해빙이 완전히 녹아 쇄빙선 없이도 접근이 가능한 지역이다. 따라서 그간의 연구는 세종기지 인근 지역 내에 집중될 수밖에 없었다. 미국, 영국, 프랑스, 독일, 러시아 등은 남극에 2개 이상, 중국은 5개의 기지를 운영하며 활동 영역을 확대하고 있다. 남극에서 한 개 이상의 기지를 유지하기 위해서는 쇄빙선과 항공기의 운영 등 대규모 인프라 투자가 필수적이다.

● 남극대륙 기지를 운영하기 위해서는 항공기와 쇄빙선의 지원이 요구된다. 사진은 뉴질랜드 남극 기지 운영을 지원하는 C-130 수송기가 장보고기지 앞 2m 두께의 해빙에 착륙한 장면.

남극대륙에 제2기지(훗날 장보고기지)를 건설하기로 결정한 후 2005년부터 건설 후보지 물색이 이루어졌다. 이 시기 나는 2007년 연구소장 첫 번째 임기를 마치고 연구부서로 돌아와 그동안 미뤘던 연구를 다시 시작하고 있을 때였다. 연구소에서는 제2기지 건설 사업의 방대한 규모와 시급성, 중요성 등을 고려해 나에게 제2기지 건설단장을 맡아 진행해줄 것을 부탁했다. 우리나라 보통의 직장 문화에서 좌천되는 경우를 빼고는 같은 조직에서 이전보다 낮은 직책을 맡는 경우가 흔하지 않다. 그러나 당시 초대 소장으로서 제2기지 건설 사업을 처음 주도한 입장에서 끝까지 책임진다는 각오로 백의종군하기로 마음먹었다.

현장 조사를 통해 건설 후보지를 최종 선정하기 위해 아라온호의 남극 현장 쇄빙 테스트에 동승하기로 하였다. 후보지 정밀 조사단은 현장 조사를 거쳐 과학 연구의 적합성, 접근성, 건설 환경, 자연 생태 등 환경 자료를 근거로 최적지를 선정하게 된다. 안정적인 기지 건설 및 운영을 위해서는 무엇보다 보급 수송로 확보, 국제 사회의 동의를 얻기 위한 환경 영향 평가 등 치밀한 사전 준비가 요구된다. 제2기지 건설은 세종기지보다 훨씬 가혹한 자연환경에서 견딜 수 있는 건축 및 이를 운영할 전문가 확보, 국제적인 수준의 대형 연구를 수행하기 위한 첨단 장비 및 기술 개발 등 넘어야 할 산이 많았다.

남극 장보고기지
위치 선정 과정

2002년 수립된 '극지 과학기술 개발 계획'에 따라 극지연구소는 남극대륙 기지 기획 연구를 수행하였고 2006년부터 기지 건설을 위한 본격적인 예산이 반영되었다. 우선 극지연구소 연구원들을 중심으로 호주, 이탈리아, 뉴질랜드, 러시아, 미국 등의 도움을 받아 다른 나라 남극대륙 기지 10여 곳을 방문하여 대륙 기지 운영 실태 및 기지 설치 가능성과 각각의 장단점을 파악하였다. 우선 남극 제2기지는 세종기지와의 근접성을 고려해 태평양에 면한 서남극을 목표로 정하였다. 서남극 지역에서의 쇄빙선 접근 가능성과 위성사진 자료 검토를 근거로 아문센해에 위치한 린지섬이 우선적으로 검토되었다. 이를 바탕으로 러시아 쇄빙선의 도움을 받아 2008년 1월 조사팀이 아문센해를 방문하였으나 린지섬에는 펭귄 서식지가 넓게 분포되어 실질적으로 기지 건설이 불가능하였다. 따라서 방문했던 모든 지역에 대해 실질적인 건설 적합성 및 과학적 가치 등을 고려해 후보지를 5곳으로 압축한 후, 여러 가지 지표를 통해 최종 순위를 결정하였다. 즉 후보지 별 여러 사항을 고려하여 서남극 메리버드 랜드Marie Byrd Land에 위치한 케이프 벅스Cape Burks를 유력 후보지로 제시했다.

서남극의 메리버드 랜드는 열악한 해빙 조건으로 인해 남극대륙에서 가장 접근이 힘든 지역이며 기상 조건도 매우 혹독한 것으로 알려져 있다. 이 같은 이유로 역사적으로 인간의 접근이 없었기

● 아라온호는 거칠기로 유명한 남빙양 남위 60도를 넘어 파도를 뚫고 남극으로 나아갔다.

때문에 남극에서 유일하게 어느 나라도 영토권을 주장하지 않았던 지역이기도 하다. 러시아가 유일하게 1980년 3월 케이프 벅스에 루스카야Russkaya 기지를 개소하여 1990년 초 폐쇄하기까지 10년간 운영한 바 있다. 따라서 주변에 다른 기지가 없는 이 지역에 기지를 설치할 경우 매우 유용한 관측 자료를 제공할 수 있다는 이점이 있다. 그러나 연중 평균 초속 30m 이상의 바람이 부는 날이 136일, 블리자드 발생 일수가 150일에 달하는 등 인간이 거주하기엔 지옥 같은 곳이다. 이러한 이유로 케이프 벅스에 대한 여러 가지 이견이 제기되었다. 따라서 건설지 최종 확정을 위해서는 현장 정밀 조사가 이루어져야 하는데 여러 가지 이유로 사업에 더 이상 진척이 없는 상황이었다.

아라온호 쇄빙 테스트 항해에 동승한 후보지 정밀 조사단은 극지연구소, 한국환경정책평가연구원, 한국건설기술연구원, 배재대학교, 충남대학교, 한국등산지원센터 등에 소속된 22명의 전문가로 구성되었다. 임무는 후보지에 대한 과학 연구의 적합성, 접근성, 건설 환경, 자연 생태 환경 조사를 통해 건설지를 확정하고 환경 영향 평가서 작성을 위한 자료를 수집하는 것이었다. 정밀 조사 대상은 유력 후보지인 케이프 벅스와 대안지인 테라노바만Terra Nova Bay이었으며, 이 모두가 부적합할 경우를 대비하여 2항차로 동남극의 엔더비 랜드를 조사할 계획을 수립하였다. 조사단의 출발에 앞서 후보지 결정을 위한 각종 건설 관련 지표를 확정하고 향후 주요

● 아라온호가 두께 1m 이상의 남극 해빙을 뚫으며 해안으로 접근하고 있다.

결정을 위한 '민관협의회'도 구성되었다.

    뉴질랜드 크라이스트처치 리틀턴Lyttelton항에서 정밀 조사단을 태운 아라온호는 2010년 1월 12일 남극을 향해 출항하였다. 아라온호의 첫 남극 항해인 점을 감안하여 러시아 쇄빙선 아카데믹 페드로브Academic Fedrov호와 동행하여 케이프 벅스에 진입하도록 사전에 조율하였다. 통상 매년 1월 말은 남극 여름의 절정으로 해빙이 가장 감소하는 기간이지만 메리버드 랜드 해역은 두꺼운 해빙과 빙산으로 연중 접근이 용이한 지역이 아니기 때문이다. 아라온호는 우선 남빙양 해빙대를 뚫고 남위 71도, 서경 132도에서 아카

● 장보고기지 1차 후보지로 거론되었던 메리버드 랜드의 케이프 벅스는 길이 2km 넓이 1km 정도의 암반이 빙하에서 노출된 지역인데 해안으로부터 급경사로 접근이 어렵다.

데믹 페드로브호와 만나서 출항 12일 만인 1월 24일 케이프 벅스 해안 750m 전방까지 접근할 수 있었다.

케이프 벅스는 서남극 빙상에서 노출되어 북쪽으로 뻗어 나온 길이 2km 폭 1km 정도의 작은 반도이다. 남쪽은 빙상으로 연결되어 있으며 기타 모든 해안은 얼음 절벽으로 형성되어 있다. 대부분의 지역은 해발 100m 정도로 해안으로부터 경사가 가파른 편이며, 매우 험한 지형적 특성을 보였다. 러시아 루스카야 기지는 반도 남쪽 끝부분에 설치되어 있는데 2개 동의 주 건물이 지면에서 떠 있는 고상식으로 지어져 있었다.

조사단의 모든 물자와 인원은 헬기 2대를 이용하여 아라온호에서 루스카야 기지로 이송하였다. 조사단은 일주일 조사 기간 동안 폐쇄되어 유령처럼 변해 있는 루스카야 기지에서 숙식하였다. 당초 위성사진을 통해 선정한 사이트는 북쪽 해안 쪽에 위치했지만 다수의 펭귄 서식지가 발견됨에 따라 700m 정도 남쪽으로 후보 사이트를 이동하였다. 정밀 조사 결과 절벽으로 해안으로의 접근이 어렵고 담수화를 위한 해수 펌프 시설 설치에 기술적 어려움이 제기되었다. 특히 케이프 벅스 지역은 4~5년마다 여름 기간 중 폴리냐$_{polynya}$(바다가 녹아 해빙으로 둘러싸인 광범위한 얼음 구멍)가 형성되어야만 가까이 접근할 수 있으며, 접근하더라도 헬기를 이용해야만 절벽 위로 하역이 가능하기 때문에 건설지로서 문제가 많은 것으로 판정되었다.

장보고기지 위치
테라노바만으로 결정

그 후 정밀 조사단은 케이프 벅스를 떠나 8일 만에 다음 후보지인 로스해에 위치한 테라노바만으로 이동하였다. 테라노바만에는 이탈리아의 마리오 주켈리 Mario Zucchelli 기지와 독일의 곤드와나 Gondwana 기지가 있는데, 이들은 모두 여름에만 거주하는 하계 기지이며, 특히 곤드와나 기지는 매 2~3년마다 사용되는 하계 캠프이다. 이탈리아 기지는 이탈리아 남극 연구 선구자인 마리오 주켈리 박사를 추모해 명명되었다. 이탈리아는 매년 11월부터 12월 초순까지 기지 부근 해빙 위에 C-130 같은 대형 대륙 간 수송기가 착륙할 수 있는 활주로를 조성하고, 인원과 물자를 뉴질랜드로부터 공수하고 있었다. 여름철 12월 중순이 지나 해빙의 두께가 2m 이하로

● 우리가 테라노바만에 도착했을 당시 독일 곤드와나 기지(위) 대원들이 하계 연구를 마치고 막 철수하는 중이었다(아래).

● 세종기지 주변 남극 철새 스쿠아(위). 스쿠아는 여름철이면 남극으로 날아와 번식을 한다(아래).

얇아지면 활주로는 폐쇄된다.

아라온호가 테라노바만에 도착했을 당시 이탈리아, 독일 기지 대원들이 여름 시즌을 종료하고 이탈리아 쇄빙선 편으로 막 철수를 준비하고 있었다. 우선 가까운 독일 기지를 방문했는데 마지막으로 4명이 남아서 발전기를 끄고 기지 문을 닫는 중이었다. 독일 대원들에게 우리의 방문 목적과 우리나라 기지 건설에 대한 그들의 의견을 물었다. 예상했던 대로 부정적인 답이 돌아왔다. 그 일대는 남극 철새인 '스쿠아Skua(도둑갈매기)' 집단 서식지가 있다는 것이었다. 이는 국제관계에서 직접적으로 '예스' 혹은 '노'라고 말하기보다는 알아서 오지 말라는 뜻을 완곡하게 표현한 것이다.

사실 1990년 초까지만 해도 남극에서 연구 기지를 짓는데 특별한 규정이나 절차가 없었다. 그러나 무분별하게 기지들이 지어지면서 사전에 환경 영향 평가를 실시하여 모든 남극조약 참가국들의 동의를 받도록 절차가 바뀌었다. 이를 통해 향후 건설되는 남극 기지에 대한 엄격한 환경 규제가 제도화되고 결과적으로 무분별한 기지 건설에 제동이 걸리게 되었다. 따라서 독일이 우리가 제출한 환경 영향 평가서에 대해 스쿠아 서식지를 언급하면 건설이 불가능한 상황이었다.

우리는 난감한 처지에 놓이게 되었는데, 천운이었는지 독일 대원 중 한 명은 지구물리학자로서 국제 회의에서 만나던 낯익은 친구였다. 마침 갑자기 기상이 악화되어 이들을 이탈리아 쇄빙선

● 2010년 1월 조사단이 테라노바만에 처음 도착했을 때 해안의 정착빙이 깨져나가고 있었다.

으로 데려갈 헬기가 올 수 없는 상황이었다. 기지에는 발전기를 이미 끈 상태라 그곳에서 기상이 호전될 때까지 기다려야 하는 처지였다. 잘됐다 싶어 그들을 아라온호로 초대해 같이 지내면서 기지 건설을 설득할 시간을 벌었다. 독일 대원들과 밤새워 맥주를 마시면서 끈질긴 대화를 이어간 끝에, 스쿠아 둥지의 개수가 비교적 적은 지역을 알아낼 수 있었다. 결국 반대에서 찬성으로 돌아섰다는 의미였다.

만약 아라온호가 테라노바만에 도착했을 때 독일 기지가 이미 철수한 후였다면, 독일 동료 과학자가 없었다면, 기상 악화로 같

● 장보고기지 육상 조사를 위해 세종기지에서 가져온 고무보트로 상륙하는 연구원들.

이 밤을 지내지 못했다면 아마 장보고기지는 지금 위치에 세워지지 못했을 것이다. 정말 천우신조로 우리가 테라노바만에 갈 수 있도록 모든 것들이 맞아떨어진 듯하다.

건설지 정밀 조사단은 현장 조사 결과를 근거로 테라노바만이 기지 건설지로서 적합한 것으로 판단하고 귀환했다. 조사단 귀국 후 제시된 현장 조사 자료를 근거로 극지연구소 내 토론회, 대국민 공청회를 거쳐 각계의 의견을 수렴한 뒤, 민관협의회에서 최종 건설지를 테라노바만으로 결정하여 국가과학기술위원회에 보고한 뒤에 최종 확정했다. 장보고기지는 2014년 준공을 목표로 수용 인원을 겨울철 15명, 여름철 최대 60명까지 가능한 규모로 구상했다. 기지 총면적은 3,300m^2로 연구 및 생활동으로 구성되며 모듈 방식을 채택하여 공사 기간을 단축하고, 친환경 건축 자재 사용, 에너지 효율 최대화 및 친환경 재생 에너지를 적극 활용하여 환경 친화적인 최첨단 설비를 갖춘 강소형 기지가 되도록 설계되었다.

이런 과정을 거쳐 2010년 5월 개최된 남극조약 협의 당사국 회의ATCM에 기지 건설 의향서를 제출했다. 그리고 2011년 6월에 열린 차기 회의에 기지 건설을 위한 '포괄적 환경 영향 평가서CEE'를 제출하였다. 장보고기지는 2012/2013년 시즌부터 공사가 시작될 예정이었기 때문에, 만약 우리가 제출한 CEE에 어느 한 국가라도 이의를 제기하면 다시 수정하여 다음 해에 제출해야 한다. 따라서 건설 일정에 차질이 없으려면 2011년 회의에서 반드시 CEE가

통과되어야만 했다. 나는 사전에 독일, 이탈리아, 프랑스, 영국 등을 방문해 우리의 계획을 설명하고 지지를 부탁했다. 이 덕분에 시간에 맞추어 계획이 통과될 수 있었다.

장보고기지의
과학적 중요성

건설지가 위치한 북빅토리아랜드Northern Victoria Land에는 남극 횡단 산맥을 따라 고생대·중생대의 변성암, 화성암, 퇴적암, 관입암 등 다양한 암석층이 빙하에 노출되어 광범위하게 분포하고 있다. 남극 횡단 산맥에는 고생대 석탄층도 존재하는데 단일 탄전으로는 세계 최대 규모에 달한다. 따라서 테라노바만 지역은 육상 지질 연구의 최적지이며, 장보고기지 주변에 위치한 멜번Melbourne 활화산을 중심으로 화산 활동과 관련된 지진 등 지구물리 관측도 유망한 지역이다. 또한 주변 빙상 지역에 운석 노출지가 다수 존재해 운석 수집에도 매우 유리하다.

장보고기지가 위치한 테라노바만은 로스Ross해의 서안으로 로

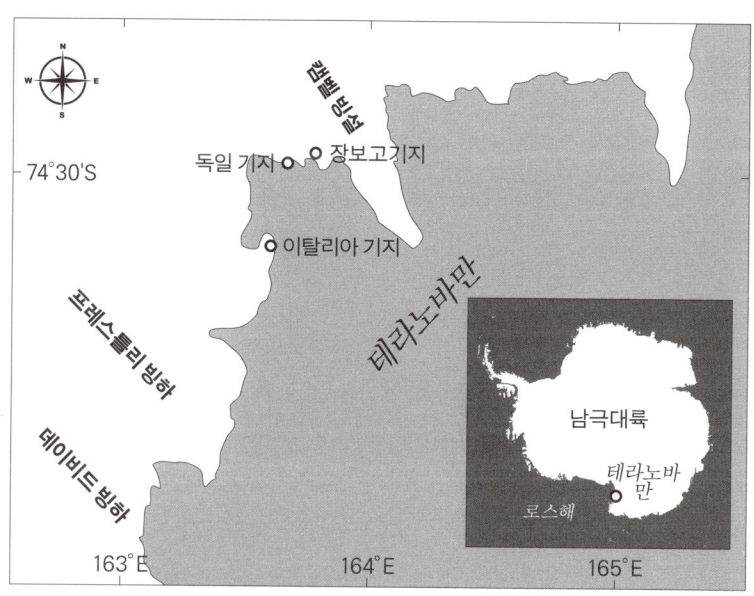

● 남극 로스해 테라노바만에 위치한 장보고기지

스해는 지구 해류 순환을 조절하는 심층 해류가 형성되는 지역으로 알려져 있다. 최근 로스해에서 형성되는 심층 해류의 생성이 감소되고 있는 것으로 보고되고 있다. 남극대륙 해안의 40% 이상에는 대륙을 뒤덮은 얼음이 빙하를 타고 흘러 내려와 바다 위로 퍼지며 평평하게 얼어붙어 있는 빙붕이 존재하고 있다. 온난화로 빙붕의 하부가 녹으면 다량의 담수가 바다로 유입되어 해수의 밀도 차이로 심층 해류의 생성을 방해하게 된다. 지구 해류의 순환 고리가 깨지면 적도 지역과 극지역 간의 에너지 순환이 원활하게 이루어지지 않게 되어 기후변화에 큰 영향을 미친다. 따라서 로스해 지역의 해빙 분포, 해양학적·기상학적 특성의 변화를 관측하는 것이 지

● 장보고기지 주변의 해빙 위 황제펭귄 서식지. 뒤에 보이는 산이 해발 2,733m의 멜번 활화산이다.

구 기후변화 연구에 있어서 매우 중요하다.

　건설지 주변에 존재하는 데이비드David, 캠벨Campbell, 프리스틀리Priestley 빙하는 지속적으로 대륙에서 바다로 흘러들어 빙산으로 떨어져 나가고 있기 때문에 이들의 이동 속도 변화는 남극 빙하 증감에 대한 직접적인 관측이 될 수 있다. 특히 극지방에서 주로 관측되는 오로라는 우주 에너지 입자와 지구 자기장의 상호관계이기 때문에 지자기 위도에 좌우된다. 테라노바만은 위도상 74도에 위치하지만 지자기 위도로는 77도에 있어 고층 대기 관측에 매우 적합한 지역에 속한다.

장보고기지 현장 조사와 어선 구조 활동

장보고기지 건설지가 선정된 이후 건설 전까지 2시즌에 걸쳐 현장 조사가 진행되었다. 2011/2012년 남극 여름 시즌 건설 전 마지막 현장 조사를 위해 나를 비롯한 연구자들과 건설사 일행은 2011년 12월 17일 뉴질랜드 리틀턴항에 도착했다. 모두 아라온호 출항 준비로 분주한 가운데 느닷없이 남극 로스해 지역에서 빙산과 부딪혀 침몰 위기에 처한 러시아 어선으로부터 SOS 신호가 수신되었다. 미국 남극 기지에서 항공기를 띄워 파악한 바로는 러시아 어선 스파르타Sparta호가 빙산과 충돌해 반쯤 침수된 상태로 사방에서 얼음이 조여와 침몰 일보 직전이었다. 기지에서 1,000km 이상 떨어진 곳이라 헬기 구조도 불가능했다.

● 남극 로스해에서 빙산에 부딪혀 침몰 상태인 러시아 어선 스파르타호를 구조하기 위해 아라온호 선원들이 접근하고 있다.

    선박으로부터 SOS가 수신되면 가까운 곳에 위치한 선박들이 구조에 나서게 되는데 이는 의무사항이 아니다. 인도적 차원에서 자발적으로 참여하게 되는데, 이때 각 해역 해상 구조 조정 센터가 모든 선박의 구조 활동을 조정하는 역할을 하게 된다. 이 해역 담당인 뉴질랜드 구조 조정 센터에 문의한 결과 침몰 중인 선박 가까이에 어선들은 몇 척 있지만 해빙 지역으로 뚫고 들어갈 수 있는 배는 4,000km 이내에 아라온호가 유일한 상황이었다.

    아라온호 같은 배의 하루 운항 비용만 1,000만 원 이상이고 승선 인원도 80여 명에 달하기 때문에 모든 걸 희생해가며 선뜻 구조에 나서기는 쉽지 않은 결정이었다. 하지만 침몰하는 배를 모

● 2012년 1월 로스해에서 조업 중 화재가 발생한 한국 어선을 구조하기 위해 아라온호가 다시 달려갔다.

른 체할 수도 없기에 구조에 나서기로 하고 긴급 출항을 지시했다. 리틀턴항을 출발해 거센 풍랑과 해빙 지역을 뚫고 8일 만인 12월 25일 스파르타호에 도달했다. 스파르타호에게는 아라온호가 성탄절 커다란 구세주로 나타난 셈이다. 스파르타호는 선수 하부에 구멍이 난 상태로 이미 한쪽으로 침수되어 해빙에 간신히 기대어 있는 위태로운 상태였다.

우선 스파르타호 선원들을 안심시킨 후 러시아 선장과 구조 계획을 상의했다. 파손 상태가 심해서 모든 인원을 아라온호로 옮겨 구조하고자 했다. 그러나 러시아 선장은 배를 절대 포기할 수 없다며 선원들만 구조해줄 것을 부탁했다. 본인과 몇몇 간부는 남아서 얼음이 녹을 때까지 다른 러시아 어선의 구조를 기다리겠다는 것이었다. 우리의 거듭된 설득에도 선장의 고집은 완강했다. 그렇다고 위험한 상황에서 몇 명만 남겨두고 떠날 수도 없었다. 승강이를 이어가다가 계속 시간을 지체할 수 없기에 어선을 임시로 수리해 예인하는 방안을 강구했다. 아라온호 선원들이 직접 장비를 들고 스파르타호로 옮겨가 선수 구멍을 임시로 철판으로 용접한 후 해빙이 없는 해역까지 예인해 다른 러시아 어선에게 무사히 인계했다.

그 후 장보고기지 건설 예정지로 이동해 늦어진 조사 활동을 시작하고 10일쯤 지난 2012년 1월 10일 이번에는 한국 어선의 화재로 인한 구조 신호가 접수되었다. 로스해에서 조업 중이던 정우2호에서 화재가 발생해 3명의 선원이 실종된 상황이었다. 우리나라 어선이다 보니 또다시 모든 활동을 중지하고 배를 전속력으로 몰아 구조 활동에 나서야만 했다. 한 시즌에 두 번씩이나 구조에 나서는 희귀한 일이 벌어진 것이다.

일이 수습된 후 당시 이명박 대통령이 아라온호로 나에게 직접 전화를 걸어와 러시아 어선 구조 이후 러시아 메드베데프 대통령으로부터 감사의 연락을 받았다는 얘기와 함께 격려의 말씀을 하셨다. 국가의 위상을 높이는 일에 긍지도 있었지만 약 7억 원에 달하는 두 번의 구조 비용은 고스란히 연구소 몫이 되었다. 아라온호는 그 후로도 몇 번 남극에서 우리나라 어선 구조에 나선 적이 있다.

장보고기지
건설

장보고기지 건설은 입찰을 통해 현대건설이 맡게 되었다. 현대건설은 세종기지를 지어본 경험이 있지만 장보고기지는 세종기지가 위치한 남극반도와는 전혀 다른 차원의 혹독한 입지 환경이었다. 건설사는 물론 연구소도 남위 75도 지역에서의 활동 경험이 없다 보니 건설에 관한 모든 것이 불확실한 상태이었다. 특히 테라노바만 지역에서의 공사 가능 기간은 여름철 두 달 정도에 불과하기 때문에 세밀하고 철저한 사전 준비가 필요하였다. 자칫 나사 하나라도 빠뜨리고 가면 공사가 다음 해로 넘어가야만 한다. 따라서 건설 자재를 보내기 전에 국내에서 모든 건물을 사전에 완전 조립해 보고 해체해서 가는 방법을 택했다. 사전 조립을 위해 2012년 여름

● 장보고기지는 공기를 단축하기 위해 송도에서 먼저 조립한 후 해체하여 현지에서 다시 조립하는 방식을 선택했다(위). 장보고기지 건설선이 평택항에서 모든 건설 자재를 싣고 출항했다(아래).

에 인천 송도 신도시의 큰 매립지를 몇달간 빌려서 사용해야 할 정도였다.

건설 자재가 워낙 많다 보니 대형 화물선을 임대해야 했다. 현장 건설 기간을 최대로 확보하기 위해서 되도록 일찍 화물선이 현지에 도착해야 했다. 보통 12월 전에는 로스해 해빙이 너무 두꺼워 뚫고 들어가기 힘들다. 화물선은 쇄빙 능력이 없기 때문에 아라온호가 선두에서 얼음을 깨고 길을 내주면 화물선이 뒤따르는 방법이므로 더욱 신중히 시기를 선택해야만 했다. 해빙 상태는 매년 다르기 때문에 매일 위성사진을 통해 해빙 상황을 판단해야만 하였다.

2012년 11월 30일 뉴질랜드 리틀턴항을 출발한 아라온호와 화물선은 천신만고 끝에 해빙을 뚫고 12월 11일 간신히 건설지 테라노바만에 도착했다. 마지막으로 장보고기지 건설 예정지 전방에 놓인 넓이 약 10km 이상의 두꺼운 정착빙을 헤치고 나서야 건설지에서 약 1km 앞까지 도달할 수 있었다. 그동안 가장 걱정했던 해빙 위로 직접 하역이 가능한 거리까지 화물선을 접근시킨 것이다. 부두가 없기 때문에 화물선에서 자재를 바로 해빙 위로 내리면 중장비가 육상으로 끌고 가려는 계획이 완전히 성공하는 순간이었다. 엄청난 양의 건설 자재를 내리는 지루한 작업만 한 달 이상 계속되었다. 수십 대의 중장비 중에는 무게가 최대 100톤에 달하는 것도 있어 해빙의 안전도 문제였다. 연구원들이 매일 해빙의 두께, 염도,

온도 등을 측정해 해빙의 안정성을 확인해야만 했다.

100명 이상의 근로자들이 묵을 임시 컨테이너 숙소가 가장 먼저 설치되고, 남극 여름의 백야를 이용해 하루 24시간 작업이 지속되었다. 2월에 들어가면서 점차 추워지고 눈보라가 몰아치는 날이 많아지면서 작업이 어려워졌다. 첫해는 간신히 콘크리트 기초 위에 철골을 조립한 뒤 2월 말 철수할 수밖에 없었다.

2013년 12월 2년차 공사가 계속되었다. 원래 계획으로는 2차 연도에 모든 공사가 완료될 예정이었지만 건설선 지연 출발, 기상 악화 등으로 내부 공사까지 마무리할 수 없는 상황이었다. 따라서 준공은 2014년 2월 중에 하고 내부 공사 마무리는 3차 연도까지 연장할 수밖에 없었다.

장보고기지 준공식에는 강창희 당시 국회의장과 10명의 국회의원, 건설사, 청소년 대표, 관계자 등 30여 명이 참석했다. 준공식이 예정된 2월에는 항공기가 기지 앞에 착륙할 수 없기 때문에, 대표단은 뉴질랜드 크라이스트처치에서 미 공군 C-130 수송기를 빌려 미국의 맥머도 기지에 도착했다. 맥머도 기지는 장보고기지와 약 350km 떨어져 있는데 이 정도 거리는 남극에서는 아주 가까운 거리다. 대표단은 맥머도 기지에서 아라온호로 옮겨 타고 약 하루를 걸려 장보고기지 준공식에 참석할 수 있었다. 준공식은 박근혜 대통령의 축하 영상 메시지와 헬기를 타고 온 미국, 뉴질랜드, 이탈리아 기지 대표들의 참석으로 성대하게 개최되었다.

● 아라온호가 앞에서 얼음을 깨며 건설 자재를 실은 화물선을 인도해 건설 예정지에 도착했다(위). 장보고기지 준공식이 2014년 2월 12일 현지에서 개최되었다(아래).

● 장보고기지 전면의 만을 건너면 이탈리아 기지가 있다 (사진 제공: 김환희).

2014년 12월 기지 인테리어 공사 마무리를 위해 다시 건설단이 파견되었고 월동대도 함께 파견되었다. 원래 계획에 없던 3차 연도까지 공사가 늘어지면서 공사비 추가 부담이 발생하였다. 화물선을 한 번 빌리는 데만 최소 100억 원이 소요된다. 건설사는 장보고기지 건설 공사 후에 연구소를 상대로 200억 원의 추가 공사비 소송을 제기했다. 장보고기지 건설 입찰은 이명박 대통령 시절에 이루어졌고, 현대건설은 반드시 장보고기지를 짓겠다는 일념으로 상대 건설사보다 낮은 금액을 제시해 공사를 따냈다. 현대건설 측

● 겨울철 장보고기지에 나타난 환상적 오로라.

은 여러 가지 이유를 들어 소송을 제기했지만 결국 연구소가 승소했다. 두 남극 기지 모두 건설비 문제로 현대건설과 사후 송사에 휘말렸다. 그런데 세종기지는 이명박 대통령이 건설사 사장으로, 장보고기지는 건설사 입찰 시 대통령을 지냈으니 그와 남극 기지는 인연이 있는 듯하다. 어쨌든 손해를 감수하면서 마지막까지 공사를 잘 마무리해준 현대건설과 근로자 여러분께 감사의 말씀을 전한다.

장보고기지는 국제적으로 남극 기지의 새로운 모델을 제시하

● 12월 초 얼음을 뚫고 장보고기지에 도착한 아라온호.

게 되었다. 완벽한 친환경적 설계 및 최신 건설 공법은 지금도 남극 기지의 표본 모델로 자리 잡고 있다. 남극 장보고기지는 우리나라 건설 기술의 우수성과 특히 세계 최고의 시공 능력을 보여주는 상징이 되었다. 이후 건설된 다른 나라의 남극 기지들도 모두 장보고기지를 모델로 설계되었지만 우리만큼 빠른 시일 내에 완벽히 건설된 경우는 없다.

두 번째 극지연구소장에 도전

2013년 다시 극지연구소장직을 맡게 되었다. 첫 번째 극지연구소장 재직 시(2004~2007년) 구상했던 남극에 대륙 기지, 북극에 1개의 연구 기지 설립과 쇄빙선의 건조가 모두 실현되었다. 그러나 이러한 인프라 확대에도 불구하고 연구 인력과 예산은 아직 턱없이 모자란 상태였다. 나는 두 번째 소장직을 맡으며 연구소 도약을 위해 우수한 연구인력 확충과 함께 미래를 위한 창의적 대형 연구사업 발굴이 필요하다고 생각했다.

우선 당시 70명이었던 연구원 수를 3년간 매년 10명씩 늘리겠다는 계획을 세웠다. 또한 미래에 도전하는 과제로 장보고기지로부터 내륙으로 1,000km 이상 들어가 남극 내륙 제3기지 건설안을

● 남극 내륙 진출을 위해 K-루트 개척 사업을 시작했다.

제시했다. 나아가 증가하는 북극 연구 수요를 감당하기 위해 제2쇄빙 연구선 건조를 계획하도록 하였다.

이에 따라 매년 연구원 증원이 착실히 이루어져 3년 후 100명 이상의 박사급 연구원이 확보되었고 연간 예산도 1,000억 원을 넘게 되었다. 내륙 진출을 위한 준비 단계로 우선 K-루트 개척 사업을 시작해 설상차 및 기타 장비 확보와 전문가 훈련 등을 시작하였다.

아울러 중요성이 증대하는 북극 연구에 집중할 수 있도록 소내에 '북극환경연구센터'를 설치하고 제2쇄빙선 건조를 준비하기 위해 '쇄빙연구선건조사업단'도 만들었다. 그 후 제2쇄빙선 건조는 워낙 대형 예산 사업이다 보니 타당성 평가를 통과하는 데만 5년 이상이 걸려, 2025년에야 조선소가 선정되었고 현재 건조 중이다.

쇄빙 연구선과 연구 기지 등 연구 인프라가 확대됨에 따라 우리와의 공동 연구를 원하는 국가들이 늘어나게 되었다. 남극 기지의 원활한 보급과 국제 공동 연구를 효과적으로 추진하기 위해 세종기지와 가까운 칠레 푼타아레나스에 한-칠레 남극협력센터를, 장보고기지와 가까운 뉴질랜드 크라이스트처치에 한국-뉴질랜드 남극협력센터를 설치하였다.

아시아 국가들과의 극지 공조를 위해 2004년 설립한 '아시아 극지과학포럼AFoPS'도 애초 한·중·일에서 인도, 말레이시아, 태국 등 6개국으로 확대되었고 인도네시아, 필리핀, 스리랑카, 베트남이

● 아시아 국가들의 극지 공조를 위해 설립한 아시아극지과학포럼AFoPS 2013년 태국 방콕 회의.

옵서버로 참여하고 있다. 동남아시아 많은 국가가 태풍, 홍수 등 기후변화로 큰 피해를 입고 있지만 정작 기후변화와 직결된 극지 연구를 수행할 경제적 능력이 없다. 따라서 AFoPS는 이 지역 국가들에 기후변화와 극지의 중요성을 알리고 전문가 양성을 지원하는 역할을 하고 있다.

한국-뉴질랜드
남극협력센터 파견

두 번째 극지연구소장직을 마치고 2016년부터 뉴질랜드 크라이스트처치에 설립한 한국-뉴질랜드 남극협력센터에 주재원으로 파견 나가게 되었다. 3년간의 주재 기간 중에 뉴질랜드와의 공동연구개발에 많은 노력을 기울였다. 뉴질랜드는 남극에 영토권을 가진 7개 나라 중 하나이며 남극조약 원초 서명국이다. 특히 장보고기지가 위치한 로스해 빅토리아랜드Victoria Land 지역의 영유권을 가진 나라로서 우리나라에는 전략적 중요성이 크다. 뉴질랜드는 국가 규모상 남극 활동 규모는 크지 않지만 연구 경험이 풍부하고 다양한 연구 전문가들을 보유하고 있다. 남극협력센터를 중심으로 장보고기지와 뉴질랜드 스콧 기지 간 연구자 교류 및 생태계 공동

● 2014년 크라이스트처치에 설립된 한국-뉴질랜드 남극협력센터 개소식.

연구, 스콧 기지-장보고기지-아데어곶 Cape Adare을 연결하는 빅토리아랜드 위도별 생태계 변화 공동 관측, 로스해 고기후 공동 연구, 로스해-남빙양 공동 해양 연구 등 다양한 한-뉴 남극 공동 연구 프로그램이 개발되었다.

    크라이스트처치는 로스해에 기지를 보유한 우리나라를 비롯하여 뉴질랜드, 미국, 이탈리아, 독일의 남극 활동 전진 기지가 위치하는 곳으로 남극으로 들어가는 관문 도시 중 하나로 잘 알려져 있다. 우리나라도 크라이스트처치를 장보고기지로의 항공과 해상 수송의 출발점으로 삼고 있으며, 각국의 많은 연구자가 들고 나는 곳이다 보니 국제 연구 협력 등을 위해 활동 거점이 필요했다. 내가 소장으로 재임했던 2014년 뉴질랜드 남극연구소와 협약을 맺고 공간을 할애받아 공동 연구 센터를 설립했었다.

한-뉴 남극연구센터는 연구 이외에도 모든 남극 입출 항공기와 선박들의 일정에 관한 정보를 공유하고 수송 인원을 조율하는 중요한 역할을 하고 있다. 특히 우리나라는 독자적으로 항공기를 운영하지 않고 있기 때문에 다른 기지들과의 협력이 필수적이다.

남극 시즌에 아라온호는 장보고기지를 왕복하면서 보급품과 인원을 싣고 내리기 위해 크라이스트처치 외항인 리틀턴항에 1년에 3번 이상 기항하게 된다. 리틀턴항은 1912년 남극점을 정복한 스콧의 탐험선이 출항했던 곳이기도 하다. 아라온호가 기항하면 가끔 크라이스트처치 시민들을 위해 방문 행사를 열기도 하여 양국 간의 우호를 다지는 역할을 하고 있다.

남극 내륙 제3기지
진출의 필요성

2013년부터 두 번째 극지연구소장직을 맡으면서 장보고기지 건설 후 남극 내륙으로의 진출 방안을 구상하게 되었다. 이를 실천하기 위해 K-루트 사업을 시작하였으며 점점 확대되는 북극 연구 사업에 대응하기 위해 제2쇄빙선 건조도 추진하였다.

남극대륙은 호주대륙의 두 배나 되는 큰 대륙으로 주변 바다 대부분이 얼음에 덮여 있다 보니 접근이 어렵고 특히 내륙으로의 진출은 매우 힘들다. 해안에서 내륙으로의 이동은 수많은 빙하 크레바스 때문에 위험하기도 하다. 따라서 기지들은 대부분 보급이 용이한 해안에 몰려 있고 내륙에는 미국, 러시아, 프랑스·이탈리아 공동 기지 단 3개의 상설 기지만이 운영되고 있다.

● 2005년 프랑스-이탈리아가 공동으로 남극 내륙에 건설한 콩코디아 기지는 해발 3,233m 빙하 위에 위치한다.

    남극 빙상의 두께는 평균 2,100m로 얼음 밑 땅은 얼음 무게에 눌리어 거의 해수면 정도에 위치해 있다. 남극 내륙에서 얼음이 가장 두꺼운 곳은 두께가 4,776m이다 보니 내륙 지역의 해발 고도는 3,000~4,000m에 달하며, 영하 80도에 달하는 추위로 어떤 생물도 살지 못한다. 높은 해발 고도와 추위로 내륙에서의 인간 활동도 극히 제한적으로만 이루어진다.

    하지만 학문적으로 귀중한 빙하는 두껍고 오래될수록 학술적 가치가 있기 때문에 얼음 시추를 위해 내륙으로의 진출을 모두 원하고 있다. 내륙 진출에는 장비, 기술, 전문 인력, 비용 등 제약 조건이 많아 미국, 러시아, 프랑스, 이탈리아, 영국, 일본 등 경험이 많은 극히 일부 국가들만 제한적으로 진출하고 있다. 일본은 1995년 내륙에 후지 기지를 설치하고 이미 3,000m 이상의 심부 빙하 시추에 성공한 바 있으며, 또 다른 시추를 위해 2024년 후지 기지를 다시 옮겨 건설하였다. 중국도 빙하 시추를 위해 고도 4,087m 내륙 빙하 위에 곤륜 기지를 2009년 건설하였다.

내륙 기지의 과학적 가치는 빙하 시추에만 국한된 것이 아니다. 거대한 남극대륙에서 현재 상설 기상 관측이 이루어지는 곳은 약 50여 개에 불과하다. 우리나라 남한에만 약 500여 곳에서 한반도 기상 관측이 이루어지고 있는 걸 감안할 때, 남극에서의 기상 자료는 거의 없다고 볼 수 있고 특히 내륙에서는 더 말할 나위도 없다. 전 지구적 기상 모델의 정확도를 높이기 위해서는 더 많은 현장 관측 자료가 필요한데 남극에서 커다란 자료 공백이 존재하고 있다.

남극 내륙은 연중 기온이 낮고 습도도 낮으며 대기가 매우 안정되어 있어 초정밀 광학 천문 관측에 최적지다. 또한 겨울이 되면 6개월간 밤만 계속되기 때문에 태양광의 간섭도 받지 않는다. 남극점에 위치한 미국의 아문센-스콧 기지에는 BICEP이라는 전파망원경이 설치되어 있다. BICEP 망원경은 빅뱅으로 생긴 우주의

● 우주 관측을 위해 미국의 남극점 기지에 설치된 BICEP 전파 망원경.

급팽창 때문에 발생한 중력파가 시공간을 흩트리며 퍼져나가는 현상을 관측한 바 있다.

이외에도 남극점에는 우주의 수수께끼 입자인 중성미자(뉴트리노)를 관측하기 위한 지구 최대 관측소가 있다. 우주에서 블랙홀이 생성되는 과정에서 먼저 별이 폭발하면서 중성미자라는 입자를 방출하는데, 중성미자는 전기적으로 중성이기 때문에 우주 자기장의 영향을 받지 않고 빠른 속도로 날아가게 된다. 중성미자는 지구를 통과해버릴 정도로 너무 작고 빠르기 때문에 측정하기가 매우 어렵다. 따라서 중성미자 검출을 위해서는 주변의 간섭을 받지 않는 거대한 관측 시설이 필요하다. 아문센-스콧 기지에는 중성미자의 근원을 연구하기 위한 '아이스 큐브'를 설치했다. 아이스 큐브를 만들기 위해 1,450~2,450m 깊이의 총 86개 얼음 구멍을 뚫고 케이블로 연결된 총 5,160개 광센서를 설치하였다. 그 결과 태양계 외부 우리은하 내에 수천 개의 중성미자 방출원을 확인하는 데 성공했으며, 2018년에는 지구로부터 약 40억 광년 떨어진 오리온 성좌로부터 유래한 중성미자를 최초로 검출하기도 했다. 향후 중성미자 관측을 통해 빅뱅으로부터 시작된 우주 생성의 비밀을 남극점에서 풀 수 있게 될지도 모른다. 이렇게 남극 내륙은 지구 고층 대기 및 우주 연구에 최적지로 꼽히고 있다.

남극 내륙으로
K-루트 개발

　남극대륙을 연구하기 위해서는 해안가에 위치한 기지에서 내륙의 춥고 건조한 빙원 지대로 보통 1,000km 이상을 들어가야 하는데, 이를 '트레버스traverse'라고 부른다. 물론 스키를 장착한 비행기를 이용해 빙원에 내릴 수도 있지만 많은 장비, 시설, 연료를 수송하기 위해서는 설상차를 이용해 육로로 빙하를 거슬러 올라 내륙으로 나아가야 한다. 보통은 한 번에 여러 대의 설상차가 수백 톤의 화물과 연료를 싣고 나아가게 된다. 해안에서 내륙으로 들어가면서 급경사로 고도가 높아지다가 약 2,000m 고도부터는 비교적 평탄한 설원이 펼쳐진다.

　내륙의 빙하가 해안가로 흐르면서 급경사 지역에 많은 크레바

● 남극 내륙 트레버스는 연료와 물자를 싣고 1,000km 거리 이상을 왕복해야 한다. 사진은 콩코디아 기지로 향하는 프랑스 트레버스 모습.

스가 형성되어 있다. 크레바스는 얼음이 갈라져 생긴 틈으로 폭 수 m에 깊이가 수십 m에 달하며 길이가 수 km에 걸쳐 있기도 한다. 크레바스는 보통 표면이 얇은 눈으로 덮여 있기 때문에 눈에 잘 보이지 않는다. 남극에서는 종종 차량이나 사람이 크레바스에 빠지는 사고가 난다. 따라서 해안 기지에서 내륙으로 진출할 때는 매우 조심스럽게 크레바스 지역을 우회하도록 루트를 찾아야 한다. 선두 설상차 앞으로 길게 붐 대를 내밀어 지하투과 레이더를 달고 천천히 전진하면서 숨은 크레바스를 찾게 된다. 보통 남극 트레버스는 왕복 2주에서 3개월 이상 걸리기 때문에 식량, 연료 등을 함께 끌고 가야 한다. 남극에서 내륙 기지를 운영하는 경우에는 장거리 트레버스가 반드시 요구되므로 러시아, 프랑스, 미국은 매년 정기적으로 실시하고 있고, 일본, 중국도 내륙 하계 기지 지원을 위해 2~3년에 한 번씩 운영하고 있다.

장보고기지에서 100만 년 이상 된 얼음이 존재할 가능성이 있는 가장 가까운 내륙까지는 약 1,300km 이상을 들어가야 한다. K-루트 사업이란 남극 장보고기지에서 내륙 빙하 시추 지역까지 진출하기 위해 안전한 육로를 개척하는 트레버스 사업이다. 내륙으로 갈수록 고도가 높아지고 춥고 바람도 심하기 때문에 더욱 극한의 환경으로 변한다. 특히 장보고기지에서 내륙으로 진입하는 첫 200km 구간에는 경사가 급하고 많은 크레바스가 존재하기 때문에 앞으로 나아가기가 매우 위험하다. 많은 크레바스는 겨울 기간 눈으로 덮여 육안으로 드러나지 않기 때문에 위성사진, 항공 레이더, 육상 레이더로 탐지하여 피해 간다. 본격적인 여름이 되면 크레바스가 더욱 많이 생기기 때문에 트레버스는 보통 여름철 기온이 오르기 전인 10~11월 사이에만 진행한다. 크레바스는 빙하 이동과 함께 조금씩 위치가 이동하기 때문에 매년 루트를 조금씩 조정해야 한다. K-루트 사업 트레버스를 위해서는 10대 이상의 설상차가 숙소 카라반, 유류 탱크, 화물 컨테이너 등을 끌고 진행한다. 트레버스 팀의 선두에는 보통 눈을 평평하게 밀어주는 설상차가 배치되고 이어 각종 화물을

● 남극 K-루트 트레버스는 숙소, 연료, 식량 등을 모두 썰매에 싣고 움직이기 때문에 행렬의 길이가 몇백 m에 달한다(위). 빙하에는 항상 크레바스의 위험이 도사리고 있어 설상차가 빠지는 경우도 있다(아래).

끄는 설상차가 줄을 이어 이동하게 되므로 행렬의 길이가 길게는 몇백 m에 이른다.

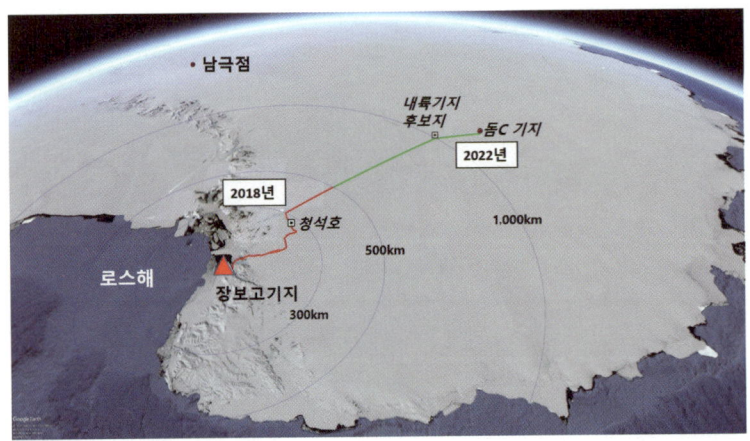

● 장보고기지에서 출발 청석호를 지나 남극 내륙 기지 후보지까지 이르는 K-루트의 경로는 2022년 확보되었다.

통상 해발 2,000m 이상 빙원 지대에 도착하면 평탄한 설원이 펼쳐지고 크레바스도 없기 때문에 진행하기 쉬워서 특별히 개조된 SUV 차량을 이용하기도 한다. 장보고기지에서 설상차와 각종 썰매들로 트레버스를 구성해 운영하기 위해서는 정비사 등 숙달된 운영 요원들이 다수 필요하다.

나는 2015년부터 장보고기지에서 내륙 빙하 시추 지점까지 1,300km 육상 이동로를 개척하는 K-루트 사업을 적극 지원하기 시작했다. 그 결과 매년 여름 기간 동안 몇백 km씩 전진하며 2022년 내륙 1,300km 목표 지점에 도달하고 무사히 귀환했다. 지금도 K-루트팀은 매년 차량 및 장비 유지와 운영 요원 훈련을 위한 활동을 지속하고 있다. 향후 남극 내륙 제3기지 건설과 보급을 위해 육상 보급로의 확보는 필수적인 사전 요구사항이다.

빙하 하부에 존재하는
청석호 발견

　　남극 몇천 m 두께의 빙상 밑에 약 600개의 크고 작은 호수(빙저호)가 존재하고 있는 것으로 밝혀졌다. 남극 빙저호 존재는 러시아 보스톡Vostok 기지 주변을 조사하던 중 두꺼운 빙상 밑에 물로 채워진 거대한 호수를 발견하면서 처음 알려졌다. 보스톡 빙저호는 남극 내륙에서 가장 추운 곳에 위치한 러시아 보스톡 기지(해발 3,488m)의 얼음 밑에 존재하는 거대한 호수이다. 호수 수면은 기지에서 약 4,000m 얼음 아래에 존재하므로 해수면보다도 약 500m 아래에 있다. 보스톡 빙저호는 길쭉한 모양으로 길이 250km, 넓이 50km, 평균 깊이가 432m에 달한다. 면적은 1만 2,500km²로 우리나라 경기도 보다 훨씬 크고 세계에서 6번째로 큰 호수이다. 호수의 존재는 1960년대 초 소련 과학자에 의해 그 가능성이 제기되었으며, 그 후 1993년 인공위성 사진을 통해 빙상 표면에서 보이는 굴곡으로 확인되었다.

연평균 기온 -55℃인 보스톡 기지 빙상 하부에 어떻게 녹은 물이 존재할까? 그 이유는 상부의 두꺼운 얼음이 오히려 단열재 역할을 해서 지하에서 올라오는 지열로 인해 녹은 물이 어는 것을 막아주기 때문이다. 남극의 두꺼운 빙상 밑에는 얇은 수층이 존재하는데 수온이 -3℃ 정도이지만 얼음의 극심한 압력하에서 물로 존재한다. 남극 빙상은 하부에 존재하는 수층으로 인해서 마찰력이 감소되어 쉽게 낮은 곳으로 흐르게 된다. 또한 물이 빙상 하부 지형을 따라 흘러 낮은 계곡 지역에 모이면 빙저호가 형성된다. 빙저호에 물은 계속 흘러나가고 또 채워지기 때문에 그리 오래되지는 않았을 것으로 추정되지만, 호수 하부의 퇴적물은 오랜 기간 쌓였기 때문에 지구 기후변화에 대한 많은 자료가 있을 것이다. 보스톡 호수는 약 1,500만 년 전부터 빙하에 의해 덮였을 것으로 추정되는데, 그 이후 호수 표면의 얇은 얼음이 빙하의 유동과 함께 계속 깎여나가고 주변 빙하 하부의 녹은 물이 끊임없이 흘러들어 고이는 독특한 물 순환 체계를 갖고 있을 것으로 추정된다.

러시아·미국·프랑스 연합팀은 1998년 보스톡 기지에서 3,623m까지 시추하며 지난 42만 년 동안의 지구 기후변화 기록을 얻어냈다. 이때는 호수 면에 도달하기 100m 전까지만 시추하고 중

● 빙하 하부 호수를 찾기 위한 탄성파 탐사를 하여 2,300m 두께의 빙하 밑에서 수심 10m인 청석호를 발견했다. 빙하 탄성파 탐사는 얼음에 시추공을 뚫고(위) 화약을 채운 뒤(아래) 폭발시켜 발생한 탄성파가 지하에서 반사되어 되돌아 나오는 파를 수신하여 지하 구조를 조사하는 방식이다.

● 빙상 위에서 설상차를 이용해 탄성파 탐사 장비를 운영하고 있다.

단하였는데, 이유는 시추공을 유지하기 위해 채워놓은 60톤에 달하는 프레온과 케로신(등유)으로부터 호숫물이 오염되는 것을 막을 방법이 없었기 때문이었다. 그 후 2012년 러시아는 단독으로 3,768m까지 시추해 호수 표면에 다다랐다. 시추기가 호수 면을 관통하자 물이 압력으로 지표까지 솟구쳐 올라오면서 호수가 오염되었다.

 그 후 호수 오염의 대안으로 뜨거운 물을 고압으로 분사해 빙하를 뚫는 열수 시추 방법이 개발되었다. 빙하 열수 시추는 매우 빠르게 뚫기는 하지만 빙하 코어를 얻을 수 없다. 미국 팀은 이를 이용해 2013년 비교적 얇은 윌런스Whillans 빙하 800m를 뚫어 빙저호에 도달하는 데 성공했다. 윌런스 빙저호는 약 60km² 면적에 깊이

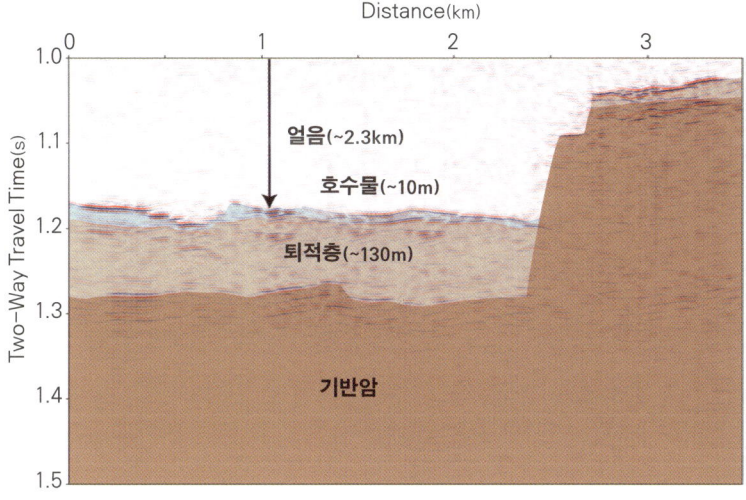

● 탄성파 탐사 단면도에 나타난 청석호와 하부 퇴적층.

는 2m 정도이다. 호수 물과 퇴적물에서 미생물의 존재를 확인했으며, 호수 하부의 민물과 바닷물의 경계까지 시추하여 어둠 속에 사는 물고기, 갑각류, 연체동물 등을 발견하였다. 그러나 열수 시추 기술 또한 빙하 깊숙이 존재할지 모르는 미생물을 없앨 수 있기 때문에 완전한 방법이 될 수 없다.

위성을 이용한 고도 관측 결과 장보고기지 부근에 있는 데이비드David 빙하 일부 지역의 고도가 연간 1m 이상 상승하고 있음이 밝혀졌다. 빙하의 고도가 급격히 변하는 이유는 하부 빙저호에 고인 물의 양이 늘어 수위가 오르기 때문으로 추정된다. 따라서 2,000m 빙하 하부의 빙저호의 존재와 물의 유무를 찾기 위해서는 더욱 정밀한 지구물리 탐사가 필요하다. 내가 이끄는 탐사팀은

2019년 장보고기지에서 약 300km 떨어진 빙원 위에서 화약을 이용한 탄성파 탐사를 실시하였다. 두 차례에 걸친 탄성파 탐사 결과 빙하 하부 2.3km에 수심 10m 정도의 빙저호가 5×5km 규모로 존재하고 있음이 확인됐다.

이 빙저호는 나의 필명號을 따 '청석호淸石湖'로 명명되었다. 청석호는 현재 영국 남극연구소와 공동으로 시추를 준비 중이며 열수 시추 방법을 사용할 예정이다. 연구팀은 빙하 코어보다는 호숫물과 그곳에 사는 생물, 그리고 호수 하부에 쌓인 퇴적물에 관심을 갖고 있기 때문이다. 이를 위해 열수 시추 시 사용되는 모든 물을 오염 없이 멸균 정화시켜 순환시키는 장비를 개발하였다.

남극연구과학위원회 위원장 당선

'남극연구과학위원회SCAR'는 남극과 남빙양에서의 국제적 연구 협력을 위해 1958년 조직된 민간 국제 과학 기구로서 현재 남극을 연구하고 있는 전 세계 모든 나라가 참여하고 있다.

지구에서 가장 미지의 영역인 극지역에서의 국제 공동 관측을 위한 '국제 극지의 해IPY'가 1882년 처음 시행되었다. 그 후 지금까지 매 50년 또는 25년 주기로 총 4차례의 IPY가 진행된 바 있다. 1차 IPY(1882~1883)와 2차 IPY(1932~1933)에서는 대부분 북극을 대상으로 한 연구가 진행되었고, 남극을 대상으로 한 본격적인 연구는 25년 후인 1957~1958년 있었던 3차 IPY, 즉 '국제 지구물리의 해 IGY: International Geophysical Year'에 와서야 가능해졌다. IGY는 제2차 세계대전 중 발전된 신기술을 사용해 특히 남극에서의 고층 대기 관측에 주력하였다. IGY 기간 중 지구를 돌던 미국의 인공위성이 지구 생명체에 치명적인 우주 방사선으로부터 지구를 보호해 주는 '반알렌대'를 처음 발견하였으며, 오랫동안 논쟁을 일으켰던 대륙이동설도 확인되었다. 또한 남극대륙 횡단 탐사를 통해 최초로 남극 빙상의 전체 규모도 파악하게 되었다. IGY 기간 중 남극의 과학적 중요성이 널리 알려지며 연구를 지속하기 위한 국제적 협력의 필요성이 제기되었다. 이에 따라 1958년 SCAR가 창설되고 이의 활동을 국제법적으로 지원하기 위해 1959년 남극조약이 체결되었다.

SCAR는 창설 당시 12개국으로 시작해 현재는 46개국의 국가별 남극연구위원회가 참여하는 국제기구로 발전했으며 산하에 50여 개의 분야별 연구 그룹을 두고 있다. SCAR의 주 임무는 남극에 대한 인간의 지식을 증대시키기 위해 국제 공동 연구를 개발하고, 남극을 국제적으로 관리하는 남극조약에 과학적 자문을 제공하는 것이다. SCAR 위원장은 4년마다 회원국들의 직접선거로 선출되며 사무국은 영국 케임브리지에 설치되어 있다.

SCAR는 창설 이후 60년간 위원장은 모두 유럽, 오세아니아, 미국 등 창설 멤버 나라에서만 나왔었다. 코로나 사태로 SCAR 총회가 연기되어 2021년 3월 화상으로 열리게 되었다. 그 전까지 SCAR 정관에 따라 위원장 선거는 대면 회의에서만 가능했기 때문에 우선 화상 회의에서 전자 투표가 가능하도록 정관 개정을 거친

● SCAR 위원장은 남극조약회의ATCM 등 국제회의에서 SCAR를 대표한다. 사진은 2014 인도 코치에서 열린 ATCM.

● 칠레에서 열린 남극과학연구위원회SCAR 회의에서 위원장으로서 언론 인터뷰를 하고 있다.

후 위원장 선거가 실시되었다.

위원장 후보로 나 이외에 뉴질랜드와 미국 대표가 출마했었다. 투표 방식은 한 후보가 50% 이상 득표해야 선출되는 것이다. 투표권은 35개 정회원국과 9개 국제기구(국제지질과학연맹, 국제생물과학연맹, 국제천문연맹 등)가 한 표씩 갖고 있다. 후보들의 소견 발표에 이어 치러진 첫날 선거 결과 뉴질랜드 대표가 탈락하고 나와 미국 대표가 다음 날 결선에 나가게 되었다. 마지막 3일째 선거 결과 발표는 정말 긴장되는 순간이었다. 마침내 내가 위원장으로 선출되면서 아시아 지역에서 첫 SCAR 위원장이 나오게 되었다. 일본은 SCAR 창설 멤버이며 시라세 탐사 이후 100년 이상의 남극 역사를 지녔지만, 그동안 위원장을 배출하지 못했다.

SCAR 회원국들의 분포는 유럽, 미국과 남미, 오세아니아, 아시아권으로 나뉘는데, 이 중 아시아는 인도를 포함해 5개국이다. 따라서 나는 아시아는 물론 유럽과 남미 국가들의 지지를 얻어 당선될 수 있었다. 그간 30여 년간 지속적으로 한국 대표로 회의에 참가하고 다른 남극 관련 국제 활동에도 꾸준히 참여했던 결과가 투표에 반영된 것으로 생각한다.

SCAR 위원장은 대외적으로 SCAR를 대표하며 사무국을 관리하는데 사무국에는 4명의 박사급 정직원이 일하고 있다. 위원장은 남극조약, UN, IPCC(기후변화에 관한 정부 간 협의체) 등 국제기구뿐 아니라 산하 50여 개의 전문가 그룹들과 끊임없는 소통을 해야 한다. 또한 집행위원들과 정기적인 화상회의를 통해 중요한 의사결정을 내린다. 그리고 연간 3~4차례 국제회의에 SCAR 대표로 참석해야 하는 매우 바쁜 자리다. SCAR 위원장은 무보수직이기에 개인적으로 봉사와 희생이 다소 따르기는 하지만 국가의 위상을 높인다는 긍지를 갖고 임하는 직책이다. 우리나라도 남극 진출 33년 만에 남극 연구의 최고 정점인 SCAR 위원장을 배출한 나라가 되면서 국제 남극 사회에서 공고한 입지를 굳힐 수 있게 되었다.

우리나라 극지 연구의 발전 방향

남극에 대한 본격적인 과학 조사가 이루어졌던 1957~1958년 '국제 지구물리의 해IGY'는 당시까지 인류 최대의 국제 공동 과학 프로그램이었다. 미소 냉전의 절정기에 있었던 IGY 기간 중 전 세계 67개국 5,000명 이상의 과학자들이 참여했으며 북한도 참가했었다. 당시 대한민국은 전후 경제 상황으로 참여하지 못했던 것으로 추측된다.

극지가 지니는 가치

IGY 이후 우리나라는 30년 늦은 1988년에야 세종기지를 지으면서 남극 사회에 명함을 내밀 수 있게 되었다. 세종기지는 남극대륙이라는 거대한 땅덩어리에 우리나라를 대표하는 첫 번째 상징적 존재이다. 남극으로의 진출은 우리나라 과학기술의 발전과 함께 우리 민족의 활동 영역을 전 세계로 확대했다는 데 더 큰 의미를 갖고 있다.

또한 북극해 항로 등 경제적 활용도가 큰 북극으로의 진출은 우리에게 귀중한 기회로 다가오고 있다. 역사적으로 비교적 좁은 한반도 내에서 해양을 통한 외부로의 진출에 소극적이던 우리 민족으로서는 극지라고 하는 새로운 과학 영토를 개척한 셈이다. 특히 자라나는 다음 세대에게 도전과 개척 정신을 고취시킬 수 있다는 점에서만 봐도 세종·장보고·다산기지가 우리에게 주는 상징적 가치는 충분하다.

남극 연구 방향

우리나라는 선진국에 비해 늦게 남극 연구에 뛰어들었지만 짧은 시간 안에 남극조약 협의 당사국의 자격을 획득하였고 남극과학연구위원회SCAR의 위원장을 배출함으로써 남극 국가로서 입지를 세웠다. 전재규 대원의 숭고한 살신성인으로 극지 연구는 국민적인 관심과 성원을 얻어 새로운 도약기를 맞이하였다. 세종·장보고·다산기지가 건설되고 쇄빙선 아라온호와 연계하여 독자적인 극

● 극지에서 이루어지는 연구 활동은 우리나라의 새로운 과학 영토를 개척하는 일이다.

지 연구 능력을 보유하게 되면서, 우리나라 극지 활동 영역은 비약적으로 확대되었다.

현재 남극해에서는 엄격한 국제 관리하에 수산 자원 개발이 진행되고 있으며, 우리나라가 남빙양 크릴 및 파타고니아이빨고기(메로)의 최대 조업국 중 하나다. 남극해 전체의 지속 가능한 크릴 어획량은 연간 최대 약 2억 톤으로 추정하는데, 현재 인간이 바다에서 얻는 수산 식량 총량이 1억 7,000만 톤인 점을 감안할 때 크릴은 미래 인류의 중요한 식량 자원이 될 것이다. 석유 등 광물 자원의 개발은 남극조약 환경 보호 의정서에 따라 2048년까지 금지되어 있고, 개발 논의는 그 이후에 재개될 수 있다. 아직까지 국제적으로 남극 지하자원 개발에 대해서는 부정적 견해가 지배적이며 지구에 남은 마지막 비오염 청정 지역으로서 남극의 지하자원 개발은 신중히 검토되어야 할 것이다. 우리나라는 남극에서의 활동 강화와 더불어 기초과학 연구, 기후변화 연구 등 인류 발전에 기여할 수 있는 연구 결과를 통해 국제사회에서 우리의 위상을 지속적으로 높여가야 할 것이다.

북극 연구 방향

북극은 지구의 여분의 에너지를 흡수하는 역할을 하기 때문에 지구 기후를 조절하는 데 매우 중요하다. 온난화로 북극의 해빙

● 우리는 남극 연구 활동을 통해 국제사회에서 우리의 위상을 강화하며 미래에 대비해야 할 것이다. 사진은 해발 2,733m 멜번산 정상에서 장보고기지를 가리키는 장면.

● 남극의 황제펭귄 서식지를 방문하면 펭귄들이 호기심에 헬기 주변으로 몰려온다.

이 감소하면서 대류권 상부와 성층권에 부는 제트류가 약해지고 극소용돌이의 경계가 남하함에 따라 북극 한파가 더욱 자주 한반도를 덮치고 있다. 이와 같이 겨울철 북극의 냉기가 중위도 지역까지 주기적으로 밀려 내려오는 북극진동Arctic Oscillation에 따라 북반구 겨울철 기상이 크게 영향 받고 있다. 이상과 같은 이유로 북극을 '기상의 주방Weather Kitchen'이라고 부르고 있다.

최근 북극의 온난화는 다른 지역에 비해 2배 이상 빠르게 진행되고 있다. 지난 50년간 북극에서 관측된 겨울철 평균기온의 변화를 보면 지표 온도의 경우 무려 10~15℃나 상승하였다. 이 결과 1970년대 초반부터 북극해 중앙부 해빙의 두께가 30% 이상 감소했으며 또한 북극 해빙의 면적은 매 10년간 4%씩 감소하고 있다.

이대로 간다면 2030년경에는 여름철 북극해 해빙이 완전히 사라지게 될 것으로 전망된다.

우리가 북극에 관심을 가져야 하는 이유는 이러한 과학적 가치뿐만 아니라 북극이 가지고 있는 경제적 잠재성 때문이다. 전 세계 공업 생산의 80%는 북위 30도 이북 지역에서 이루어지고 있으며, 모든 중요한 공업 지역은 북극에서 6,000km 이내에 위치하고 있으므로 향후 북극해를 통한 국제간 물류 수송은 경제성이 클 것으로 전망된다. 북극해 해빙의 급격한 감소로 북극항로를 통한 물동량은 계속 증가해 2024년 3,800만 톤에 달했으며 2030년에는 1억 톤에 이를 것으로 예상된다.

지구 온난화와 북극 해빙 감소로 북극 개발이 가속화되면서, 북극을 중심으로 한 새로운 외교 안보 전략이 필요하게 되었다. 러시아는 북극 시베리아 군사 시설을 확충하고 있으며, 이에 대해 미국과 캐나다도 북극 군사 역량을 키우고 있다. 중국은 '근近북극 국가'로서 북극에 개입할 권리가 있으며, 북극항로를 '일대일로'의 일부로 '빙상 실크로드'라는 개념을 제시하고 있다. 다행히 우리 정부도 북극항로 개발을 국가 주요 정책 어젠다로 선정하여 적극적인 지원을 하고 있다.

북극해에는 전 세계 원유의 13%, 천연가스의 30% 이상이 매장되어 있으며 북극항로를 통한 천연가스 공급은 쇄빙 LNG선을 이용해 계속 확대되고 있다. 2024년 2,000만 톤 이상의 LNG가 북극항로를 통해 수송되었는데 그중 300만 톤이 극동아시아 지역으로 수송되었다. 러시아 북극해에 면한 야말반도는 영국의 절반 정도 크기인데 여기에만 유럽 전체가 40년 동안 사용할 수 있는 가스가 매장되어 있다.

우리 정부에서도 북극항로 개발에 관심을 보이고 있지만, 아직 유럽과 동아시아를 잇는 단축 항로라는 의미를 넘어서지 못하고 있다. 북극항로는 국가적으로 천연가스 에너지 자원을 안정적으로 확보·수송할 수 있는 에너지 안보 차원에서 전략적 접근이 필요하다. 국가 에너지 전략은 경제·안보·환경·기술·사회와 더불어 국가 지속가능성과 경쟁력을 좌우하는 핵심 전략이기 때문이다.

우리나라 극지 연구는 남극에 이어 1990년부터 북극으로 활동 영역을 넓혔다. 국제북극과학위원회IASC 가입과 더불어 매년 북극해에 쇄빙선을 보내 연구 활동을 펼치고 있으며, 북극이사회에 참여함으로써 북극 이해 당사국으로서 확실한 자리매김을 하고 있다.

기후변화로 북극의 해빙이 감소하면서 북극의 국제적 관심은 과학으로부터 점차 경제적 개발과 지정학적 중요성으로 바뀌고 있다. 앞으로 우리나라가 북극권에서 효과적인 실리를 추구하기 위해서는 우선 북극에서의 지속적인 과학기술 연구 노력을 통해 북극권 이해 당사자로서의 입지를 강화시켜 나가야 한다. 그리고 이를 통해 추후 북극권 개발을 위한 국제 공동 노력에 참여할 수 있

- 러시아 야말반도에서 현재 러시아 천연가스의 20% 이상이 생산되는데, 새로 건설된 항구와 선적 터미널에서 쇄빙 LNG 탱크를 통해 북극항로로 수송된다. 따라서 북극항로는 우리나라 에너지 안보에 중요하다.

- 빠르게 녹고 있는 북극해에서 활동하는 아라온호. 2030년이 되면 여름철 북극해 해빙이 완전히 사라질 것으로 예상된다.

을 것이다. 이제는 우리의 과학적 위상을 바탕으로 적극적 극지 외교를 통해 국가의 실리적 이익을 창출할 방안을 강구해야 할 때이다.

극지 인프라의 지속적 강화

우리나라 극지 활동 영역 확대에 따라 이를 뒷받침할 적절한 인프라 구축을 위해 지속적인 투자가 필요하다. 매년 남극해·북극해 탐사를 위해 파견되는 아라온호의 연중 항해 일수는 이미 한계에 도달했으며 선령도 점차 증가되고 있다. 다행히도 북극해 연구에 집중하기 위해 더욱 크고 강력한 제2쇄빙선의 건조가 진행되고 있다. 2029년 건조 예정인 차세대 쇄빙 연구선은 아라온호보다 크고 더욱 강력한 쇄빙 능력을 갖춘 최첨단 연구선으로서 2032~2033년 예정된 '제5차 극제 극지의 해IPY'에 국제적으로 중요한 기여를 할 것으로 예상된다. 전 세계 모든 나라가 조선 강국인 한국이 만드는 쇄빙 연구선을 주목하고 있다. 1957~1958년 제3차 IPY(IGY)까지는 우리나라가 참여할 능력이 없었고, 2007~2008년 제4차 IPY에는 우리가 가진 인프라 부족으로 참가에 의의를 둔 정도였다. 그러나 다가오는 제5차 IPY에서는 세계 선진국들과 대등한 입장에서 우리의 극지 활동 능력과 과학기술을 내보이는 기회가 될 것이다.

● 북극 연구 강화를 위해 현재 건조 중인 극지연구소 차세대 쇄빙 연구선 조감도.

'국제 극지의 해IPY'는 극지를 이해하기 위한 인류의 공동 노력이라는 기본 이념에서 출발하였다. 특히 제5차 IPY는 현재 진행 중인 급격한 기후변화에서 중요한 역할을 하고 있는 극지에서의 기후변화, 해수면 상승, 생태계 반응, 그리고 극지 변화가 인간 사회에 미치는 영향 등에 초점을 맞추고 있다. 우리나라는 책임 있는 국제 사회의 일원으로서 이러한 전 세계 인류의 보편적 문제를 해결하는 데 기여해야 할 것이다.

2032년 제5차 IPY까지 우리가 2척의 쇄빙 연구선을 갖추게 되면 중국 2척, 일본 2척으로 한·중·일 3국은 총 6척의 쇄빙 연구선을 운영하게 된다. 이로써 동아시아는 전 세계 어느 지역보다도 막

강한 극지 연구 인프라를 갖추게 된다. IPY의 기본 정신으로 돌아가 독자적 연구보다는 국제 공동 협력이라는 취지에 입각해, 우리가 주도하는 한·중·일 극지 공동 IPY 연구 프로그램을 제안하는 것을 고려할 필요가 있다. 이미 가동 중인 한국, 중국, 일본, 인도, 말레이시아, 태국 등 6개국이 참여하는 아시아극지과학포럼AFoPS을 활용하는 방안도 효과적이다. 그동안 대서양권이 이끌어 오던 극지 연구의 축을 태평양권으로 돌리는 좋은 기회가 될 수 있을 것이다.

극지 활동의 시너지 창출

극지 연구는 종합 과학이다. 모든 자연과학, 공학, 인문사회과학이 어우러져 시너지를 낼 수 있는 분야이다. 자연과학의 영역에서만 극지에 접근한다면 가성비가 떨어지는 투자가 될 수 있다. 기후변화, 생태계 연구는 물론 기계, 건설, 우주, 소재공학의 테스트베드로서의 가치와 함께, 경제와 극지과학외교Polar Science Diplomacy를 융합해 극지 효용성의 극대화를 추구해야 할 것이다.

극지 과학의 발전을 위해서는 극지연구소를 비롯한 국내 출연 연구소, 대학, 산업계가 협력할 수 있는 체제를 강화해야 한다. 극지연구소가 모든 분야 연구를 전부 수행하는 것은 불가능하다. 따라서 다른 전문 연구기관들과의 협업은 필수적이다. 특히 차세대

- 극지 연구는 과학 외교와 융합해 시너지 효과를 내야 한다.

- 아라온호를 매개로 극지 연구의 국제 협력이 활발히 이루어지고 있다.

극지 전문 인력의 양성과 수급을 위해 국내 대학들과의 공동 노력은 지속적으로 확대되어야 한다.

정부에서는 우리나라의 모든 극지 활동이 시너지를 낼 수 있도록 범부처적 지원이 필요하다. 국가 극지 활동에는 과학 연구 이외에도 환경 보호, 수산 자원, 에너지 자원, 항로 개발 등 정부 부처 간 다양한 이해관계가 복합적으로 존재한다. 따라서 정부의 해양, 과학기술, 외교, 국방, 국토, 환경, 산업자원, 교육 부처 등이 같이 참여하는 가칭 '극지활동지원위원회'의 구성이 요망된다.

남극 내륙 진출 제3기지 설치 및 글로벌 K-루트 개척

우리나라 남극 연구의 다음 단계는 동남극 내륙 빙원으로 진출하여 계속 새로운 연구 영역을 확보하는 것이다. 남극 빙하에는 과거 100만 년 이상의 기온 변화 및 대기 구성 성분 변화 기록이 간직되어 있으며, 두꺼운 남극의 빙상 하부 빙저호 밑에는 더욱 오래된 기후변화 기록이 존재하고 있다. 빙하 연구 이외에도, 빙저호에 존재할지도 모르는 원시 생명체에 대한 관심이 집중되고 있다. 이 밖에 남극 내륙은 연중 기온 변화가 작고 습도가 낮아 천문 우주 관측의 최적지이기도 하다. 따라서 이런 연구를 뒷받침하도록 남극 제3기지를 설치하여 내륙 연구 거점을 확보해야 할 것이다. 한반도의 62배에 달하는 남극대륙에 설치된 전 세계 모든 상주 기지

- 남극 1,000km 내륙에 건설될 우리나라 제3기지 예상도. 모두 이동식 모듈로 구성해 건설 기간을 단축하고 필요시 쉽게 위치를 옮길 수 있다.

40여 개소에서 연중 기상 관측이 이루어지고 있지만, 이는 미미한 수준이다. 현재 남한에만 약 500여 개소의 유무인 기상 관측소가 운영되고 있음에 비추어 남극을 이해하기 위한 인류의 관측 노력은 계속 대륙 전역으로 확대되어야 한다.

우리는 장보고기지 건설 이후 남극 내륙 진출을 위해 꾸준히 준비해왔다. K-루트 개척을 위해 장비 구축, 전문가 훈련을 지속하고 있으며, 내륙 제3기지를 중심으로 연구 계획도 수립하고 있다. 지금 진행되고 있는 차세대 쇄빙 연구선 건조와 내륙 제3기지 건설이 이루어지면 우리나라의 극지 연구는 또 다른 도약의 발판을 마련하게 된다. 차세대 쇄빙 연구선이 완성되면 향후 우리나라도 베링해에서 북극점을 지나 스발바르 다산기지로 이어지는 북극해 해

● 극지는 미래 세대의 것이다. 미래 세대를 대상으로 극지 교육과 홍보 활동을 강화시켜 나가야 한다(왼쪽). 다산기지를 방문한 다산 주니어(위)와 장보고기지 준공식에 참석한 장보고 주니어(아래).

상 K-루트를 만들 수 있게 된다. 북극해 해상 K-루트 개발은 북극 사회에서 우리나라의 국제적 위상을 더욱 높일 수 있는 상징이 될 것이다. 더 나아가 남극의 육상 K-루트와 북극의 해상 K-루트를 연결하여 글로벌 K-루트를 구성하는 방안도 추진해야 한다. 이를 통해 향후 북극해 활동을 강화하고 남극 내륙으로 제3, 제4의 기지를 건설하여 우리의 극지 과학 영토를 넓히고 미래를 준비하는 기회로 삼아야 할 것이다. 이러한 과학적 위상을 바탕으로 적극적 과학 외교를 통해 실리적 국가 이익을 창출할 수 있는 방안을 강구해야 할 때이다.

미래 세대를 위한 투자

극지 진출은 우리 한 세대에 끝날 문제가 아니다. 극지 빙하가 녹음에 따라 해수면 상승이 이미 진행 중이며, 이는 적어도 향후 수 세기에 걸쳐 인류에게 커다란 위협으로 다가올 것이다. 특히 해안가에 거주하는 10억 명의 인간에게 직접적인 영향을 줄 것이다. 북극 에너지 자원 개발은 이제 시작 단계이며 향후 해빙 감소로 가속화될 것이다. 남극 개발도 수산자원이나 지하자원만 생각할 것이 아니라 관광과 수자원 활용 등으로 확대해볼 수 있다. 2023/2024 남극 하계 시즌 동안 남극을 방문하는 전 세계 관광객이 12만 명을 넘으며 77척의 크루즈선이 돌아다녔다. 그리고 그 수는 해마다 증가하고 있다. 남극에는 지구에 존재하는 담수의 70%가 얼음으로 존재하지만, 빙하의 활용은 아직 연구 단계에 있다. 하지만 불과 10년 전까지만 해도 페트병에 든 생수를 마시는 것이 흔하지 않았다는 점을 생각해보면 남극 빙하수의 활용이 가능할 날도 올 것이다.

이처럼 극지는 현재보다는 미래이다. 지금 우리 세대가 아닌 미래 세대의 몫이다. 지금 자라나는 청소년들이 도전하고 개척해야 할 과제이고, 우리는 다음 세대에게 극지 개발을 위한 밑거름을 만들어주어야 할 것이다. 러시아가 단돈 720만 달러에 알래스카를 미국에 팔아넘긴 실수를 우리는 반면교사로 삼아야 하겠다.

4장

극지는 미래다

세종기지에서 보내온
남극 일기*

　　세계 지도에서 보는 한반도는 동북아 한 귀퉁이에 자리 잡은 조그마한 나라입니다. 그러나 이곳 남극에서 대한민국은 결코 작은 나라가 아닙니다. 지난 1988년 세워진 세종기지가 남극에 진출한 27개국 81개 기지와 어깨를 나란히 경쟁하고 있기 때문입니다. 세종기지 대원들은 한반도의 지구 반대쪽 끝에 살고 있지만, 호주의 2배나 되는 거대한 대륙에서 활발한 탐사 활동과 함께 민간 외교관 역할까지 수행하고 있습니다.

　　남극에 사는 저희에게는 소박한 꿈이 있습니다. 전 세계의 남

* 《조선일보》 2002년 11월 28일.

● 파란색과 하얀색만이 존재하는 남극 빙원에 서다.

극 파견 연구팀들과 함께하는 연구 탐사가 계속 이어져 미지의 신세계 남극에서 인류의 미래를 더욱 풍요롭게 할 수 있는 해답을 찾아내는 것입니다.

이곳에는 우리가 경험하지 못한 신비한 자연 현상들이 있고, 새로운 생명의 세계가 숨어 있습니다. 그리고 지구환경의 리트머스 시험지처럼 남극대륙은 너무나 중요한 지역이어서, 저희는 세계 환경 보호의 수호천사가 된다는 자부심도 갖습니다.

기지 창밖으로 몰아치는 눈보라를 바라보고 있으면, 가끔 우리는 왜 이런 암흑과 얼음의 땅에서 고생해야 하는지 자문할 때가 있습니다. 대원 중에는 다니던 직장을 그만두고 남극행 비행기에 몸을 실은 사람도 있습니다. 귀국한 뒤 당장 일자리를 구해야 하는 대원도 있습니다. 우리는 단지 돈을 벌기 위해서 이곳에 온 것은 아닙니다.

남극은 미래 자원 확보와 조국의 활동 무대 확장이라는 관점에서 의미가 있습니다. 또 기구온난화 연구는 장기적으로 인류 전체의 생존과 직결된 과제입니다. 우리의 청소년들은 지구의 마지막 미개척지인 남극을 바라보며 탐험과 도전의 꿈을 키울 것입니다. 세종기지 대원들은 남극에 대한민국의 꿈을 심는 선봉대인 셈입니다.

오늘의 세종기지가 있기까지 우리는 무수한 시행착오를 거쳤습니다. 기지 건설 당시만 해도 남극엔 어떤 건물을 지어야 할지,

● K-루트 개척 중에 블리자드에 휩싸였다.

어떤 옷을 입어야 할지, 어떤 음식을 가져가야 할지 등 남극에서 생존하기 위한 기초적인 지식조차 없었습니다. 남극에서 첫 겨울을 보낸 제1차 월동대의 경우, 남극으로 떠나기 전 영양사의 철저한 계산에 따라 1년 치 부식을 준비해 갔습니다. 그러나 그 양으로는 6개월밖에 견딜 수 없었습니다. 체감온도가 영하 40~50℃인 남극의 겨울을 견디려면 평소 식사량보다 많이 먹어야 한다는 걸 계산하지 못했던 겁니다. 기지 건설단이 철수하기 전에 몰래 확보한 식량이 없었다면 1차 월동대는 아마 도중에 철수해야 했을지도 모릅니다.

우리나라는 선진국에 비해 40년쯤 늦게 남극에 진출했습니다. 남극에 태극기를 꽂은 지 14년이 지난 지금, 뿌듯함보다는 아쉬움이 더 많습니다. 남극에 한 개의 기지만 운영하는 것도 다른 나라와 비교할 때 충분하지 않습니다. 우리와 비슷한 시기에 남극에 들어간 중국은 2개의 기지*를, 경제난에 허덕이는 아르헨티나도 6개의 남극 기지를 갖고 있습니다. 지금까지 독자적인 수송기와 쇄빙선 없이 기지를 운영하는 국가는 우리나라**와 폴란드뿐입니다. 국제 공동 연구라는 명분도 좋지만, 외국 배를 빌려 타고 남극해를 누벼야 하는 대원들의 입맛은 개운하지 않습니다.

남극은 엄연한 대륙입니다. 땅은 얼음으로 뒤덮여 있지만, 대

---

* 2025년 현재 중국은 5개의 남극 기지를 보유하고 있다.
** 우리나라는 2009년 아라온호를 건조하였다.

륙붕에는 석유 등 각종 지하자원이 묻혀 있을 것으로 추정됩니다. 또 크릴새우 등 식량 자원도 풍부합니다. 현재 남극조약에 의해 남극은 자원 개발이 유보된 상태입니다. 그러나 50년, 100년이 지난 뒤에도 남극이 처녀지로 남아 있을까요? 다행히도 우리나라는 1989년 10월 남극에서 배타적 의사결정권을 갖는 남극조약 협의당사국ATCP 지위를 획득했습니다. 이로써 우리나라도 남극에 관한 국제적 논의가 있을 때 발언권을 행사할 수 있습니다.

늦은 감이 있지만 정부(해양수산부)는 극지의 중요성을 인식하고 향후 5년 내에 쇄빙선을 건조하고 남극에 제2기지˙를 건설할 계획을 추진하고 있습니다. 또 올해 4월에는 노르웨이령 스발바르제도 북극 연구를 위해 다산과학기지를 설치, 우리나라는 남북극에 모두 기지를 보유한 국가가 됐습니다.

저희는 태극기 휘날리는 쇄빙선을 이끌고 남빙양, 북극해를 휘저으며 한국의 미래와 지구인의 앞날을 개척한다는 가슴 벅찬 감동을 느끼고 싶습니다. 이제 조금 있으면 1년간 고생했던 16명의 제15차 월동대원들이 돌아옵니다. 그들과 밤새워 술잔을 기울이며 남극인의 꿈을 나눌 날을 고대합니다.

---

* 2014년 장보고기지를 건설하였다.

미지의 세계를 향한 끊임없는 도전과 개척 정신을 간직하라*

과학 영재의 산실, 장영실과학고등학교

　　과학기술 앰배서더의 일원으로 부산의 영재학교인 장영실과학고등학교를 방문한 바 있다. 장영실과학고등학교는 비록 그 개교 역사는 짧지만 이름 그대로 우리나라 과학 영재를 조기 발굴해 고급 과학 두뇌로 양성하기 위해 설립된 특수목적고등학교이다. 전 교생이 180명이라는 데서 알 수 있듯이 소수 정예의 과학 엘리트를 기르는 교육 기관이다. 비록 우리나라 교육의 현실이 과학 교육 자체보다는 대학입시에 모든 것을 걸고 있기는 하지만, 나름대로 뛰어난 청소년들에게 과학에 대한 이해와 흥미를 유발해 그중 한 명

---

* 《과학문화》 2006년 6월호.

만이라도 세계적인 과학자가 나온다면 특수목적고의 의미는 크다고 하겠다.

특별히 과학고 학생들을 상대로 하는 강연이라 더 신경이 쓰이기도 했기에 학생들의 맑고 또랑또랑한 눈동자들을 의식할 수 있었다. 아주 진지하게 강연을 듣고 예상치 못한 수준 높은 질문도 하는 학생들을 대하면서 우리나라 과학계에 희망이 있음을 느낄 수 있었다. 다만 한 가지 아쉬웠던 점은 대부분의 학생이 공부에 짓눌려 다소 활기가 부족한 듯한 인상을 받았다는 것. 이는 우리나라 입시 위주의 교육 현실을 그대로 반영하는 것 같아 다소 안쓰럽게 느껴졌다. 훌륭한 과학도란 단지 지식의 창고가 아니라 자유로운 사고와 토론, 창의적 발상과 아울러 이를 뒷받침할 수 있는 신체적·정신적 건강을 중시하는 선진국형 교육을 통해 만들어질 수 있을 것이다.

기초과학, 기술 독립국을 위한 필수 조건

나는 특히 이번 과학고 강연을 통해 미래의 과학도들에게 다소나마 기초과학의 중요성을 홍보하고 흥미를 유발할 수 있는 기초과학 홍보 앰배서더의 기회를 가질 수 있었던 것에 의미를 두고 싶다.

일반적으로 기초과학은 공학 등 응용 기술에 비해 대중성이 떨어지고 일반인에게 쉽게 이해되기 어려운 특성이 있다. 그러나 기초과학의 육성 없이는 원천 기술의 개발을 기대하기 어렵고 선진국들 사이에서 기술 종속 관계를 벗어나기 힘들 것이다. 우리가 국제적 기술 독립국이 되기 위해서는 기초과학의 육성이 필요하고 이를 위해서는 무엇보다도 우선 우수한 과학 꿈나무들을 기초과학 분야로 많이 유도해야 한다. 이러한 이유에서 많은 과학 정책 입안자들은 기초과학 육성이 필요하다는 데 동의하지만 실제 연구비의 배분과 같은 현실적 문제에서 기초 분야는 항상 후순위로 밀려왔다. 결과적으로 현재 우리나라의 기초과학은 과학 분야의 사각지대로 남게 되었다.

물론 응용 기술 분야와 비교해 기초과학에 더 많은 재원과 인력이 투입되어야 한다는 뜻은 아니다. 하지만 기초과학의 특성상 총 국가 연구개발비의 적정 비율이 지속적으로 투자되어야 하며, 이를 통해 가장 유능한 소수 핵심 과학자들을 기초과학 분야로 유치해야만 한다.

과학도여, 범지구적인 환경 변화에 주목하라

과학은 새로운 것에 대한 발견과 지식의 축적, 그리고 그 지식이 어디서든 누구에게든 적용될 수 있는 범용성을 기초로 하고 있다. 범지구적인 환경 변화는 한 국가나 민족의 문제가 아닌 인류 전체가 직면하게 될 공통의 문제이기 때문에, 이와 관련된 연구는 범용성을 지닌 인류 공영의 연구 과제이다. 21세기 지구상에서 인간이 직면하게 될 가장 큰 시련은 지구환경 변화와 이에 따른 각종 자연재해다.

지구환경 변화는 일반적으로 인간이 느끼는 시간 단위에서는 매우 느리게 진행되기 때문에 이를 감지하는 것은 몹시 어렵다. 예를 들어 지구환경 변화 중 가장 큰 관심을 받고 있는 온난화 현상을 보면, 지난 50년간 북극 지역에서 10~15℃, 남극반도 지역에서 2.5℃의 기온 상승이 관측되었다. 이는 지난 100년간 지구 전체의 평균기온 상승 폭인 0.6℃*에 비하면 실로 엄청난 증가 폭이다. 이와 같이 지구환경 변화는 극지에서 가장 증폭되어 나타나고 또한 현저하게 관측된다. 이러한 증폭 현상이 과거 지질 시대에도 계속 있었다면 지구의 과거 환경 변화 역사를 더듬어보기에는 극지가 가장 최적의 조건이 될 것이다.

현재까지 밝혀진 자료에 의하면 과거 100만 년간 지구의 기후는 여러 번의 급격한 변화를 겪어왔다. 이러한 기후변화에 대한 가장 정밀한 자료는 극지의 얼음에서부터 얻어진다. 즉 지난 100만 년간 쌓인 눈으로 만들어진 3,000m 두께의 빙하에는 과거의 기온 변화 기록과 아울러 당시의 공기 샘플이 화석처럼 포획되어 있다. 남

---

* 19세기 산업화 이후 2025년까지 지구 평균 기온이 이미 1.3℃ 이상 상승했다.

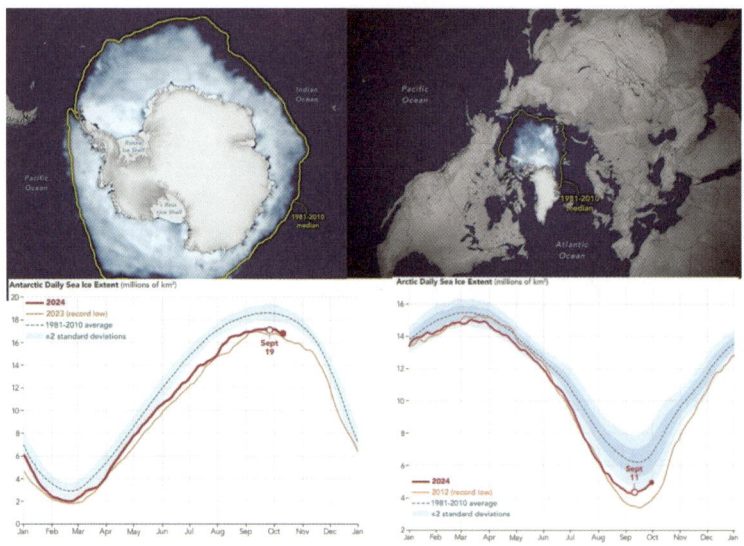

● 지난 25년간 남극(왼쪽)과 북극(오른쪽)의 해빙 면적의 변화. 사진의 노란 선은 현재 위성사진에서 1981년부터 2010년 사이 9월 해빙의 평균 경계선을 나타내고, 아래 도표의 빨간 선은 줄어드는 해빙 면적의 변화를 보여준다. 남극에서는 9월에 해빙이 최대로 발달하고(왼쪽) 북극에서는 반대로 최저(오른쪽)이다.

극 빙하의 최근 시료로부터 지난 60만 년간 지구상에 6번의 빙하기와 간빙기가 반복되어왔다는 것이 밝혀졌다. 이는 크게 보면 현재 인간은 대략 10만 년 주기의 대규모 기후변화 사이클 사이에 살고 있다는 것을 의미한다.

지금까지 이러한 대규모 환경 재앙은 수백 혹은 수천 년간에 걸쳐 일어나는 것으로 알려졌지만 어떤 경우에는 몇십 년 내에 발생하기도 하였다. 다시 말해 빙하기의 도래와 같은 극심한 환경적 재앙이 한 세대 내에서 충분히 일어날 수도 있다는 것이다. 현재의 추세대로 온난화가 가속된다면 상상할 수 있는 모든 환경적 대재

● 아라온호 앞에 나타난 북극 오로라가 희망을 불러오는 듯하다.

앙이 예고된다. 남북극 빙하의 감소로 인한 해수면의 상승, 가뭄, 홍수 등 기상이변과 이로 인한 농작물 수확 감소, 전염병 창궐 등 인간이 지금까지 경험해보지 못한 재앙이 꼬리를 물게 될 것이다. 이러한 재앙 속에 인류가 생존할 방법은 미래 변화에 대한 정확한 예측과 그에 맞는 대비책을 세우는 것이다.

극지 연구, 인류 공영을 위한 공동의 과제

극지 연구는 거시적이며 글로벌한 성격을 지니므로, 우리의 극

● 남극은 도전 정신을 지닌 차세대 청소년 과학자들을 부르고 있다.

지 연구는 우리 자신을 위한 연구인 동시에 결국은 인류 공영을 위한 국제적 공헌의 성격을 갖고 있다. 즉 우리보다 어려운 후진국들을 대신해 공동의 문제를 연구해주는 일종의 간접적인 원조로 생각할 수 있다.

지금 자라나는 청소년들은 향후 적어도 20년 후 우리나라가 세계에서 차지할 위상에 맞는, 모든 분야에서 세계를 리드하는 지도자로서의 지식과 소양을 갖도록 교육해야만 한다. 즉 과학 분야에서도 세계 과학계를 리드할 수 있는 차세대 한국 과학자를 육성하기 위해서는 우선 자라나는 우리의 과학 꿈나무들에게 미지의 세계에 대한 끊임없는 도전과 개척 정신을 심어주어야 할 것이다. 아울러 세계적인 과학자 육성을 위해서 학문적 수월성과 함께 좀 더 개방적이고 진취적인 글로벌 마인드를 갖도록 유도해야 할 것이다. 이번 극지 과학에 대한 강연이 미래의 과학도들에게 기초과학에 대한 흥미를 유발하고 과학적 탐구를 향한 진취적 도전 정신과 글로벌한 시각을 갖도록 하는 데 조금이나마 도움이 되었으면 한다.

'국제 극지의 해'와 우리나라 극지 연구 방향*

지구의 양 끝인 남극과 북극은 인간에게 오랫동안 동경과 흥미의 대상이었다. 눈과 얼음으로 뒤덮인 미지의 세계와 그곳의 가혹한 자연환경은 초기 탐험가들에게는 도전의 대상이었고 이들의 도전은 19세기 초부터 끊임없이 이어지고 있다. 극지에 대한 인간의 접근이 확대되면서 과학적 관심 또한 증대되었다.

그러나 극지에서의 과학자들의 활동은 매우 제한적이었으므로 극지 연구는 개인 혹은 국가별 연구보다는 국제적 협력의 중요성이 점차 인식되었다. 최초의 국제적인 극지 연구 협력은 1882~

---

* 《극지인》 2007년 봄/여름호.

1983년에 실시된 '국제 극지의 해IPY: International Polar Year'다. 당시 12개 국이 참여했고 주로 북극에서의 기상 관측이 실시되었다. 당시의 열악한 통신과 수송수단으로 인해 북극 지역에서 미국 참여자 24명 중 17명이 아사하는 사건이 발생하기도 했다.

그 후 극지는 다시 관심의 눈에서 멀어졌다가 정확히 50년 후인 1932~1933년 제2차 국제 극지의 해가 실시되었다. 제2차 국제 극지의 해 동안에는 지구의 전기적 특성을 규명하려는 연구의 일환으로 지자기, 오로라, 기상 현상 등이 집중 관측되었고 총 44개국이 참여하였다. 이는 제1차 세계대전 기간 중 자주 발생했던 전신, 전화, 무선통신의 두절 현상을 규명하기 위함이었다. 제2차 IPY는 추후에 당시 참여국들을 중심으로 창설된 국제기상기구IMO의 모태가 되기도 했다. 2차 IPY 기간 중 총 40개의 상설 관측 기지가 북극에 설립되었다. 미국은 버드Byrd 지역에서 두 번째 남극 탐사를 했으며, 루스벨트Roosevelt섬의 남부, 로스Ross 빙붕에 위치한 리틀 아메리카Little America 기지의 남쪽 약 200km 지점에 월동 기상 관측소를 설립했다. 이것은 남극대륙의 내륙에 위치한 최초의 연구 기지였다.

그 후 인류는 제2차 세계대전을 겪으면서 교통·통신수단의 획기적인 발전을 이루었고 이를 바탕으로 대륙 간의 이동 또한 더욱 쉬워졌다. 미국은 남극대륙의 전략적·경제적 가능성을 인식하여 방대한 군사력의 지원을 받아 남극에 대한 대대적인 관측을 하였으며, 그 결과 극지의 과학적 중요성이 부각되었다. 그 후 1950년대 로켓 기술과 지진계의 발전으로 남극에서의 지구물리 관측 요구가 제기되어 국제과학연맹ICSU은 2차 IPY 25주년을 기념하여 1957~1958년을 '제3차 국제 극지의 해', 즉 '국제 지구물리의 해IGY'로 선정하였다. 특히 1957년은 태양 활동 최대 시기와 일치하여 지구물리학자들의 관심이 집중되었다.

IGY는 인류 역사상 최대 규모의 국제 공동 연구 계획

IGY 기간 중 전 세계 67개국에서 5,000여 명의 과학자들이 국제 공동 연구 프로그램에 참여하기 위해 남극대륙으로 모여들었다. IGY는 국제과학연맹과 세계기상기구에서 주관하는 인류 역사상 최대 규모의 국제 공동 연구 계획이었다. 이 연구를 통해 비로소 인류는 남극뿐만 아니라 우리가 살고 있는 지구에 대해 많은 것을 알게 되었다. 예를 들어 남극에 존재하는 빙하의 두께나 양이 처음으로 측정되었으며, 2,500m 두께의 얼음 아래 대륙이 존재한다는 사실과 우주로부터 날아드는 치명적인 우주선으로부터 지구에 사는 생명체를 보호해주는 반알렌 벨트의 존재가 밝

● 인류의 남극에 대한 실질적인 과학 연구는 1957~1958년 IGY 기간에 시작되었다.

혀졌다. 그러한 연구를 위해 이 기간 중 12개 나라는 남극대륙에 65개 기지를 설치하고 최초로 연구원들이 남극에서 겨울을 나고 빙상을 횡단하며 관측을 하였다.

    제2차 세계대전 이후 냉전 시대에 이루어졌던 당시 프로그램은 정치와 이념을 뛰어넘어 순수한 과학 발전을 위해 인류가 서로 협력하고 화합할 수 있다는 것을 보여준 일종의 올림픽과 유사한 행사였다. IGY 프로그램을 계기로 계속적인 남극 연구의 중요성이 제기되었고 이를 위한 제도적 장치로 '남극조약'이 체결되었다. 조약의 기본 원칙은 누구에게나 남극에서 과학적 자유를 보장하고 군사 활동을 금지하는 것이다.

IGY 이후 50년, 제4차 국제 극지의 해 '기획'

    IGY 이후 50년이 되는 2007~2008년 국제과학연맹과 국제기상기구의 주관으로 '제4차 국제 극지의 해'가 기획되어 2007년 3월 1일을 기해 공식적인 사업이 시작되었다. 2007년 IPY의 주제는 극지에서 지구환경 변화를 연구하고 그 원인을 규명하려는 데 있다. 이 시대를 사는 인류는 지금 지구환경이 변하고 있다는 것을 확실히 느끼고 있으나 그 원인이나 향후 변화를 예측하지 못하고

---

* 제5차 국제 극지의 해(IPY)가 2032~2033년 계획되고 있다.

있다. 지구환경은 바다, 육지, 대기, 생물, 빙하 등등이 서로 유기적으로 얽혀 있는 거대한 시스템이다. 따라서 그 변화를 알기 위해서는 이 모두를 이해하는 것이 필요하다.

만약 지금처럼 지구가 계속 더워지면 남극의 얼음이 녹아 해수면이 90m 이상 상승하여 대부분의 대도시는 바닷속에 잠기게 된다. 빙하가 녹아 바닷물의 수온이 낮아지면 어떤 기상 변화가 초래될까? 그때 지구 생태계에는 어떤 변화가 일어날까? 과거 지질시대에도 몇 번의 빙하기가 반복되었는데 그때마다 남극도 빙하가 녹았다 얼기를 반복했을까? 기구온난화에 극지역은 어떤 역할을 하고 있을까? 환경 변화에 가장 민감하게 반응하는 곳이 극지역이므로 과거의 변화 기록을 찾아보는 데는 극지가 가장 좋은 곳이다.

제4차 IPY에서는 국제적인 대규모 공동 연구가 제안되어 있는데 한 예로 13개 나라가 각자 남극대륙을 횡단하며 연구를 수행하는 국제 남극 횡단 과학 탐사ITASE 계획도 포함되어 있으며, 여러 국가가 지역을 나누어 남빙양에서의 생물량을 관측하려는 계획도 포함되어 있다. 이러한 대형 연구를 수행하기 위해서는 수송기, 헬기, 쇄빙선, 설상차, 트랙터 등 막대한 지원이 필요하기 때문에 어느 한 국가의 노력보다는 여러 국가의 연구 역량을 집중시키는 것이 필요하다. 중국도 금번 IPY 기간 중 대륙 내 탐사를 실시하려는 야심 찬 계획을 하고 있는데, 이를 위해 대륙 기지를 건설하고 3년 전부터 철저한 현지 적응 훈련을 하며 보급 물자를 운반해왔다.

우리나라도 금번 IPY에 적극 참여하고 있다. IPY 참여를 통한 국제사회의 공헌이라는 대외적인 위상 강화와 아울러 우리가 독자적으로 수행하기 어려웠던 대규모 연구를 경험할 기회로 삼아야 할 것이다. 예를 들어 대륙 내 탐사, 심부 빙하 시추 등은 막대한 투자와 오랜 경험을 요하는 연구들이다. 이런 대규모 연구 계획들이 금번 IPY 기간 중 다수 수행될 예정인 만큼 이에 적극 동참하여 극지 경험과 기술을 습득할 수 있는 계기로 삼아야 할 것이다. 현재 우리나라도 극지에서의 활동 영역을 넓히기 위해 쇄빙 연구선의 건조와 남극대륙 제2기지 건설을 추진 중이다. 따라서 IPY를 통해 쇄빙선의 운영과 제2기지 건설과 운영에 대비한 노하우를 얻으려는 노력도 필요할 것이다.

특히 이번 IPY를 계기로 북극 지역에 대한 연구 진출이 더욱 적극적으로 추진되어야 할 필요성이 있다. 북극해는 지구 해양의 3.3%로 지중해의 약 4배에 달하는 큰 바다로, 중앙부는 수심이 4,000m에 달하는 곳도 있지만 전체 면적의 70%가 대륙붕으로 구성되어 있다.

● 급변하는 기후변화에 대비해 2032~2033년 제5차 IPY 준비가 이미 시작되었다.

북극권은 구소련 말기인 1987년 고르바초프의 무르만스크 선언을 계기로 러시아 개방이 이루어졌다. 이후 1990년에 들어와서야 구미 선진국들을 중심으로 북극해에 대한 과학적 연구가 활발하게 이루어지고 있는 비교적 신개척지다. 최근 쏟아져 나오는 북극 관련 연구 결과에 의해 북극이 지구의 기상, 기후, 해류 순환 등 지구환경에 커다란 역할을 하고 있음이 밝혀졌다. 지구 기후 모델에 의하면 극지역에서는 기구온난화로 인한 얼음 감소로 태양광 반사율이 감소하고 표층 해수 온도가 상승하는 등 그 효과가 크게 증폭되어 나타날 것으로 예측된다.

실제 지난 50년간 북극에서 관측된 겨울철 평균기온의 변화를 보면 지표 온도의 경우 무려 10~15℃나 상승하였다. 이 결과 1970년대 초반부터 북극해 중앙부 해빙의 두께가 30% 이상 감소되었으며 또한 북극 해빙의 면적은 매 10년간 4%씩 감소하고 있다고 한다.

지구의 기후를 만들어내는 곳 '북극'

시베리아를 통해 북극해로 흐르는 오비강, 예니세이강, 레나강은 세계에서 가장 큰 강들로 지구상에서 바다로 유입되는 모든 강물의 10%를 차지한다. 따라서 매년 이들 강으로부터 북극해로 유입되는 담수량의 변화는 북극해와 대서양, 태평양 사이의 해수 교환과 아울러 북대서양 열 염분 순환thermohaline circulation에도 큰 영향을 미치고 있다. 이는 곧 북유럽에 따뜻한 기후를 가져다주는 걸프 난류에 영향을 미친다는 것을 의미하기 때문에 북대서양 진동 North Atlantic Oscillation이라 불리는 유럽 지역의 기상 이변과 연관이 있을 것으로 생각된다. 이와 같이 북극에서 기원한 기후변화에 대해 대서양 쪽에서는 비교적 잘 알려진 반면 우리와 가까운 태평양 쪽에서의 영향은 거의 알려지지 않았다. 지금까지 북극은 우리나라와는 멀리 떨어져 있어 우리와 별로 관련이 없는 지역으로 인식되고 있었으나, 실제 북극의 차가운 대기가 우리나라가 위치한 중위도 지역까지 밀려 내려옴으로써 주기적으로 기후에 이상 현상을 일으키고 있음이 밝혀지고 있다.

우리가 북극에 관심을 가져야 하는 이유는 이러한 과학적 가치뿐만 아니라 북극이 가지고 있는 경제적 잠재성 때문이다. 전 세계 공업 지역은 북극에서 6,000km 이내에 위치하고 있으므로 향후 북극해를 통한 국제간 물류 수송은 경제성이 클 것으로 전망된다. 북극권을 통해 유럽과 극동아시아를 잇는 북극해 항로는 19세기 말에 이미 탐험에 성공하였다. 북극해 해운 항로는 동쪽의 베링해협에서 서쪽의 무르만스크까지 약 5,400km에 이르는 수로다. 이 항로를 이용하는 경우 극동 지역에서 유럽으로 가는 선박 항로의 40%가 단축될 수 있을 것으로 기대된다.

러시아의 무르만스크 선언 이후 북극해 항로의 상업적 이용을 위해 1993~1999년 사이에 국제 북극해 항로 프로그램INSROP이 수행되어 해상 운송로 개통에 따른 수로 개발, 자연환경, 오염 영향과

● 북극 해빙이 녹으면서 쇄빙선의 도움을 받아 북극항로를 이용하는 물동량이 증가하고 있다.

경제성 검토 등이 집중적으로 이루어졌다. 북극해 항로 개발은 단기적으로 러시아 북극해 연안의 석유, 천연가스, 원목 등 자원 개발과 수송을 위해 요구되고 있으며, 장기적으로는 유럽과 아시아, 북미 서해안을 연결하는 최단 해운 항로로 활용될 전망이다.

방대한 양의 천연자원이 있는 북극권

북극권에는 방대한 양의 천연자원이 부존되어 있다. 현재 러시아 석유와 천연가스의 70% 이상이 북극권 시베리아에서 생산되고 있으며, 이는 러시아의 가장 중요한 외화 수입원이다. 장차 유럽

● 러시아 북극 페초라해 해상에 설치된 석유 생산 시설 프리라즈롬노야prirazlomnoya에서 연간 생산되는 양만 우리나라 연간 원유 소비량의 약 5%에 해당한다.

의 천연가스 공급은 전적으로 북극해에 연한 러시아의 야말반도에 의지하게 될 것이다. 유럽-야말반도 간의 파이프라인 건설은 이미 시작되어 2010년에 야말반도의 보나넨코보 가스전에 도달할 예정이다. 보나넨코보 가스전의 크기는 영국의 절반쯤에 해당하는 거대한 규모다. 서시베리아에서 생산되는 석유, 천연가스 등을 효과적으로 개발하여 수송하기 위해서는 북극해 항로를 이용해야 한다. 그러나 이 지역은 비교적 수심이 얕기 때문에 홀수가 얕고 선폭이 넓으며 적재량이 큰 새로운 내빙 탱크의 건조와 선적 터미널의 건설 등 많은 투자가 필요하다. 세계 최대의 조선국인 우리나라로서는 북극해 항로의 개발에 더욱 큰 관심을 보여야 할 것이다. 수산

자원의 경우를 보더라도 북극해를 포함한 북대서양·북태평양에서 전 세계 어획고의 37%가 생산되고 있다.

북극해는 중앙부를 제외하고 경제적 관심 지역이 대부분 주변 국가들의 배타적 경제 수역에 속하기 때문에 우리나라는 단독적인 접근이나 개발이 불가능하다. 따라서 향후 북극 개발에는 주변국들과 공동 참여가 불가피하다. 우리 다산기지가 위치한 노르웨이 스발바르제도는 1920년 스발바르 조약에 의거하여 노르웨이 외에 세계 40개국이 이곳 부존 자원에 대한 공유권을 행사하는 국제적 성격을 가진 곳이기도 하다.

금번 제4차 IPY는 우리나라가 건국 이래 처음 참여하는 국제 극지의 해 행사다. 우리나라는 지난 20년간 남극 연구 활동과 아울러 특히 2002년부터 시작된 북극 연구를 통해 극지 국가로서의 국제적 위상을 분명히 세운 바 있다. 우리나라의 극지 연구 목표도 이제 극지에 대한 개발과 자원에 관한 주된 관심에서 벗어나 극지 연구를 통해 인류 사회의 공헌이라는 더 선진화된 보편적 가치 추구에 두어야 할 것이다. 이번 IPY도 다시 한번 인류 과학사에 중요한 업적을 남길 수 있는 계기가 될 것이다.

- 극지 연구와 관련한 국제협력과 외교를 강화해야 한다. 사진은 왼쪽 2024년 칠레 SCAR 국가대표자 회의(위), 2022년 베를린 남극조약회의 ATCM(아래), 오른쪽 2023년 루마니아 학술원 강연(위), 2017년 말레이시아 AFoPS 회의(아래).

아시아의 위대한
극지 탐험가 노부 시라세*

'남극 탐험' 하면 우리는 우선 아문센과 스콧을 떠올린다. 그러나 비록 남극점에 도달하지는 못했지만, 아문센과 같은 기간에 남극을 탐험했던 아시아인이 있었다는 사실은 잘 모른다. 내년은 아시아의 위대한 극지 탐험가 시라세의 남극 탐험 100주년이 되는 해이다.

시라세 노부白瀬矗는 1861년 일본의 아키타현에 있는 절에서 일본 승려의 아들로 태어났다. 그는 어려서 일찍이 극지 탐험에 대한 의지를 굳히고 절에서 나와 군인의 길로 접어든다. 그러나 그의

* 《극지인》 2009년 여름호.

극지 탐험에 대한 의지는 일본 정부와 대중들의 무관심과 냉대로 인해 어려움에 처한다. 그때 일본 수상이었던 오쿠마 시게노부 백작 등이 조직한 남극 탐험 후원회의 지원을 받아 1910년 12월 1일 간신히 남극 탐험 길에 오를 수 있었다.

시라세 남극 탐험대는 남극 로스 빙붕에 도착, 내륙으로 257km를 행군해 1912년 1월 28일 남위 80도 5분까지 전진할 수 있었다. 20세기 초 전 세계는 영국을 중심으로 한 몇몇 유럽 국가들의 패권주의가 극에 달했다. 유럽 제국주의 열강들은 19세기 중엽부터 시작된 산업혁명을 기반으로 아시아와 아프리카 약소국들을 무자비하게 식민지화함으로써 전 세계로 영향력을 넓혀가고 있었다. 같은 맥락에서 유럽 국가 간에 치열한 남극 탐험 경쟁이 벌어졌고 아시아에서는 유일하게 일본이 이 탐험 경쟁에 끼어들었다.

그러나 시라세 탐험대는 국가적으로 전폭적인 지원을 받았던 스콧이나 아문센과는 달리 순수 개인 차원에서의 탐험이었다는 데 더 큰 의의가 있다. 특히 시라세의 남극 탐험은 당시 부유했던 유럽 탐사대와는 비교도 안 되는 빈약한 선박과 장비뿐이었다. 이러한 열세를 불굴의 정신력으로 이겨냈다는 점에서 더욱 높이 평가받을 만하다. 또한 당시 아시아인들이 유럽인들에 대해 갖고 있던 열등감을 떨쳐내는 데 크게 기여했다.

다음은 시라세 탐험대가 남극에서 일본으로 귀국한 후 뉴욕 《인디펜던트 The Independent》에 게재된 인터뷰 기사의 일부분이다. 우리는 이 기사를 통해 당시 남극 탐험이 일본 정부나 국민으로부터 어떤 대우와 평가를 받았는지를 살펴볼 수 있다. 그리고 이것을 지금 우리나라 극지 사업과 비교하면서 시사점을 찾을 수 있을 것이다.

뉴욕 《인디펜던트》의 시라세 인터뷰 기사*

제1차 일본 극지 탐험대

"극점에 가는 일은 건장한 체격의 영국인들 혹은 부유한 미국인들이나 원한다면 하라고 하고 우리는 남극에 안 가는 게 좋겠다. 우선은 돈도 없고 둘째는 위험한 탐험 같은 것은 우리 체질에 맞지 않는다." 이 말은 내가 남극 탐험을 위한 자금 지원을 요청했을 때 일본 정부가 내게 한 말이다. 정부의 이 같은 대답은 사실 당시 일본인들이 갖고 있던 일반적 생각을 표현한 것이었다. 그러나 지금 정부와 국민은 생각이 전혀 다르게 바뀌어, 일본 국민도 탐험에 대한 자질이 있다는 자부심을 갖게 되었다. 또한 아무 소득 없는 짓을 돕는다는 생각으로 우리에게 재정 지원을 했던 사람들이, 이제 남극 탐험이 단지 시간과 돈의 낭비가 아니라는 확신을 갖게 되었다. 우리의 탐험에 대해 한마디로 요약한다면, 우리는 국민적 호응 없이 출발하여 거국적인 관심과 인정을 받으며 귀환하게 되었다.

---

* 1912년 10월 3일 목요일.

1910년 나는 의회에 극지 탐험을 위한 지원 비용으로 10만 엔(미화 5만 달러)을 신청했었다. 이 예산은 하원을 통과했으나 상원에 가서 미화 1만 5,000달러로 삭감되었다. 나는 내가 하고자 하는 사업이 충분한 교육적 가치가 있다고 믿고 문부성에 자금 지원을 요청했었다. 그리고 나는 이 자금이 우리 탐험대를 위해 효율적인 장비를 충분히 구입하기 위한 액수라는 점을 조심스레 설명했다. 문부성 관리는 나의 제안에 실소를 금치 못하며, 그에 대해 앞에서와 같이 대답했다. 또한 관리들은 5만 달러 정도의 적은 돈으로 어떻게 극지 탐험을 할 수 있을지 이해할 수 없기에 지원을 정중히 거절하면서, 마지막으로 그런 바보 같은 사업은 그만두고 극지 탐험 같은 것은 돈 많고 우리보다 신체적으로 우월한 유럽 사람들한테 맡기라고 충고했었다.

정부와 더 이상 시간을 끄는 것은 무의미했다. 정부 관리들과 논쟁하는 것은 마치 돌부처와 얘기하는 것 같았다. 어쨌든 분명한 것은 정부에서는 한 푼도 받지 못한다는 것이었다. 나는 마지막 기대를 걸고 일반 대중을 상대로 지지와 지원을 호소했으며 그로부터 반응이 있었다. 언론으로부터 열렬한 지원을 받았다. 동경에 있는 한 잡지사는 단독으로 2,500달러를 모금했다. 나의 계획은 특히 학생들로부터 큰 호응을 받아 학생들이 자발적으로 코 묻은 돈을 헌금했다.

대세가 우리 쪽으로 기울자 이제 정부가 끼어들어 쓸데없는 참견을 하며 방해하기 시작했다. 한번은 수리비 5만 달러를 낼 수 있다면 고물 선박 한 척을 써보라고 제안하기도 했다. 이러한 제안의 배경에는 우리 자금으로는 쓸 만한 선박을 구입할 수 없을 것이므로 반쪽짜리 불충분한 준비 상태로 비추어볼 때 향후 예상되는 비참한 실패는 국가의 불명예가 된다는 것이었다. 우리가 이를 더 잘 알고 있었기 때문에 정부의 이러한 제안은 정중히 거절되었다. 대신에 우리는 범선 한 척을 구입하였다. 그 배는 '카이난 마루(남극 선구자)'라고 명명되고 즉시 극지 항해에 맞도록 수리되었다. 모금액 중에 1만 달러가 선박 장비에 쓰였고, 1만 5,000달러는 과학 장비, 의복, 식품 등의 구입에 사용되었다.

우리는 일본의 첫 극지 탐험이 인류 역사상 가장 저렴하고 작은 규모였다고 믿는다. 탐험대는 아이누족 2명을 포함한 27명의 대원과 30마리의 아이누 개로 구성되었다. 그 선박은 지금까지 남극으로 항해한 역사상 가장 작은 선박이었다. 카이난 마루는 오크나무로 만들어졌으며 양옆의 높이는 수면에서 불과 60cm에 불과하다. 배 크기는 길이 30.5m, 폭 7.6m, 배수량 204톤이다. 동력은 돛대를 이용한 풍력과 함께 18마력짜리 보조 엔진을 달았다. 결국 1910년 말 우리는 남극으로 출발할 준비가 완료되었다.

외국의 탐험대가 준비에 수십만 달러를 쓰고 있는 것을 볼 때 우리 탐험대는 형편없이 작은 규모였던 것 같다. 실제 이 점이 모두에게 우리 탐험을 회의적으로 보게 한 것 같다. 지식인층은 우리의

● 노부 시라세가 이끄는 일본 남극 탐험대는 1912년 1월 28일 남위 80도 5분까지 도달했다.

과학 장비가 매우 열악하고, 참여 과학자들은 정밀 과학 연구를 하기에는 수준이 미달된다고 생각했다. 상공인들은 소득 없이 끝날 것이 뻔한 일에 재성 지원한 것을 후회했었다. 실제로 학생들을 제외한 모두는 우리가 그런 소형 선박으로 뉴질랜드까지만 간다 해도 기적과 같은 성과라고 생각했었다. 실제 노무라 선장의 항해술이 없었다면 우리 배는 곧 바다 밑에 가라앉았을 것이다. 그가 열악한 수준의 선박을 끌고 남빙양의 거친 폭풍과 파도를 헤치며 사고 없이 3만 마일의 항해를 마친 것은 거의 기적과도 같았다.

탐험 결과와 항해에 대한 불길한 전망과 혹독한 비판 속에서 '남극 선구자'호는 결국 1910년 12월 1일 동경만을 출발했다. 그것은 역사상 가장 슬프고 우울한 극지 탐험대 환송식이었다. 비록 적은 수이기는 하지만 우리 탐험대의 순항과 성공을 기원하는 몇몇 학생의 열렬한 환송을 받았다. 조국에서의 초라한 출발 장면은 우리의 결의를 약화시키기보다는 더욱 강하게 하는 생생한 기억으로 남게 되었다. 확실한 것은 우리의 장비가 애초에 바라던 만큼 완벽하게 갖추어지지 않았다는 것은 느끼고 있었지만, 우리의 목적을 달성하기에는 충분하다는 것을 알고 있었다는 점이다. 그리고 우리는 대원들의 결의와 용기를 우리 탐험대가 가진 자산 중에서 가장 자신 있게 내세울 수 있었다.

'남극 선구자'호는 출발 70일 후인 이듬해 2월 8일 뉴질랜드 웰링턴에 도착했다. 우리는 이미 남극으로 출발하기에 수개월 늦어 있었다. 우리의 원래 계획은 스콧과 동시에 1909년 7월 1일 출발 예정이었다. 그렇지만 우리는 가능한 한 최대한 뒤로 미루자고 결정했었다. 우리는 남위 55~60도 사이 거친 바다를 건너 3월 1일 쿨만 Coulman섬에 안전하게 도착했다. 더욱 남쪽으로 가면서 바다에 떠 있는 많은 빙산과 얼음 쪼가리들 때문에 항해가 늦어졌다. 우리는 적어도 맥머도섬과 에레버스산까지 가는 길에 있는 고래만 Whales Inlet까지 도달하기를 희망했으나, 그해 하계 시즌에 너무 늦었기 때문에 포기하고 남극으로의 차기 항해를 준비하기 위해 시드니로 귀환했다. 그리고 출발이 지체됨에 따라 다른 나라 탐험대와의 경쟁에서 치명적인 약점이 있음을 깨닫고, 우리는 원래 극점에 도달하겠다는 생각을 포기하는 대신 차기 탐험에서는 남극해의 지형과 과학 연구에 몰두하려고 결정했다. 5월 1일 우리는 시드니에 도착한 후 노무라 선장과 몇 명의 대원을 추가 자금을 마련하기 위해 일본으로 보냈다.

나머지 대원들은 시드니에 내려 개인 집 정원에 텐트를 치고 노무라 선장이 돌아올 때까지 기다리기로 했다. 이것은 간절한 기다림이었다. 우리의 모든 자금은 거의 소진되어 매일 식량이 모자랐다. 우리는 궁핍과 기아 상태에 도달해 거의 거지와 같은 생활을 해야 했다.

뉴질랜드 언론은 우리의 탐험을 멍청하다고 보았다. 특히 《뉴질랜드 타임스》는 우리를 신랄하게 비평했다. 우리를 마치 비참한 포경선에 승선한 고릴라 집단으로 보고, 극지방은 우리와 같은 밀림의 야수들이 가는 곳이 아니라고 혹평했다. 우리를 짐승들이라 한 것은 아마도 상징적 표현이겠지만, 많은 호주인은 이를 글자 그대로 받아들였다. 남극점을 정복하겠다는 황당한 생각에 이끌린 살아 있는 고릴라들을 보기 위해 연일 많은 사람이 모여들었다. 우리는 이 상황이 장난이란 것을 알고 있었으나 매우 당황스러웠다.

시드니대학의 데이비드 교수가 우리 캠프를 방문하고 나서야 비로소 우리가 인간이며 과학 장비들을 효율적으로 갖추고 있다고 인정받았다. 그 후로 우리는 많은 호주 여성으로부터 꽃다발을 받는 부러운 존재가 되기도 했다.

노무라 선장은 자금을 모아 10월 늦게야 돌아왔다. 1911년

11월 19일 '남극 선구자'호는 남극해로의 2차 항해에 나섰다. 그때는 남극 여름이 한창인 시기였다. 남위 63~64도에서 빙산들을 만나기 시작해 남쪽으로 갈수록 서서히 증가했다. 남위 66도에서 배는 두꺼운 얼음층을 만나 며칠 동안 움직일 수 없었다. 우리의 항해는 점점 어려움을 넘어 극한의 상태로 나아갔다. 그러나 노무라 선장의 노련한 항해술로 수일의 항해 끝에 남위 78도, 동경 146도에 위치한 만에 도착할 수 있었으며, 그곳을 카아난만으로 명명하였다. 어마어마한 크기의 빙하 때문에 그곳에 상륙하기가 불가능했으므로 상륙에 적합한 곳을 찾아 서쪽으로 40마일을 이동했다. 후에 우리는 이곳에서 서쪽으로 6마일 떨어진 곳에 있는 프람호와 근처의 아문센 캠프를 발견했다. 그들은 거기서 아문센 탐험대가 극점으로부터 귀환하기를 기다리고 있었다.

우리가 상륙하기로 선정한 지역에는 수 마일에 걸쳐 높이 100m에 달하는 얼음 장벽이 가로막혀 있었다. 얼음 나라에 상륙하는 유일한 길은 그 얼음 장벽을 넘어가는 것이었다. 이것은 실로 로스, 섀클턴, 스콧, 아문센 등은 넘기 불가능했던 일대의 위업이었다. 아문센이 상륙했던 곳의 얼음 장벽은 고작 12m에 불과했으며, 그곳에 오르기 위해 한 달을 보내야 했다. 우리는 소위 넘을 수 없는 장벽을 오를 것인가, 아니면 죽을 것인가를 결정해야 했다. 우리는 거의 수직인 빙벽에 지그재그 형태로 얼음길을 파냈다. 모든 대원이 혼신의 힘을 다해 결국 60시간 만에 첫 번째 대원이 빙벽 위에 오를 수 있었다. 프람호 승무원들은 처음엔 우리를 비웃다가 성공하자 진심 어린 찬사를 보냈다.

나를 포함한 4명의 팀이 설원에 남겨지고 나머지는 배를 타고 킹 에드워드 7세 랜드를 탐험하기 위해 떠났다. 여기까지 선박팀에게는 행운이 따랐고 성공적이었다. 200마일을 항해 끝에 킹 에드워드 7세 랜드에 무사히 도착했으며 그곳에서 처음으로 일본 국기가 휘날렸다.

상륙하기 직전 그들은 아주 특별한 경험을 했다. 즉 선박이 얼음 해안에 접근했을 때 암석이 박힌 얼음덩어리들이 해안을 따라 흘러가고 있었다. 그 암석들을 갑판으로 끌어올려 가져왔는데, 이것은 역사상 남극으로부터 가져온 첫 번째 암석이었다. 육상팀은 상륙하여 내륙으로 30마일을 탐험했는데 거기서 또 다른 중요한 발견이 우연히 이루어졌다. 대원들은 육지라고 추측되던 설원이 파도치듯 일정하게 굴곡져 있음을 느꼈다. 이것은 킹 에드워드 7세 랜드가 남극대륙의 일부라는 오래된 가설에 반하는 것이다. 이런 커다란 지리학적 의문을 풀어줄 많은 사진과 과학 자료가 모였다. 채취된 암석과 과학 조사 결과는 최종 검증을 위해 케임브리지대학에 보내질 예정이다. 어쨌든 이러한 조그마한 과학적 기여가 우리의 힘든 여정과 고된 탐험에 충분히 보상이 된다고 느낀다.

나머지 우리 항해는 다음과 같이 간략히 요약될 수 있다. 탐험대는 고래만에서 다시 합류하여 시드니를 경유, 일본을 향해 출발

● 1912년 시라세 남극 탐험대는 불과 30m 길이의 목선인 카이난마루를 타고 일본을 출발해 남극 로스해를 탐험했다.

했다. '남극 선구자'호는 지난 6월 20일 동경만에 귀환했다. 조롱과 질책으로 우리를 떠나보냈던 사람들이 몸소 나와 열렬한 찬사로 우리를 환영했다. 수천 명의 인파가 열광적으로 남극 탐험대를 격려했다. 우리의 귀환을 기념하기 위해 그날 저녁 동경 시내에서 대형 종이 등 퍼레이드가 펼쳐졌다.

이상이 우리 남극 탐험의 간략한 소개이다. 많은 예상치 못했던 장애와 상황들로 인해 탐험의 진행이 더뎌졌으며 실패할 수도 있었다. 우리가 처했던 상황들을 고려해볼 때 우리는 결과에 만족한다. 적어도 우리가 이룬 것들로 인해 5만 달러로는 도저히 이룰 수 없을 것이라는 일반적 인식을 훌륭한 항해술과 불굴의 용기로 바꿀 수 있었다. 또한 우리는 일본인들도 유럽인들 못지않게 탐험을 할 능력이 있으며, 더 열악한 방한복을 입고 추위를 견딜 수 있고 더 적은 음식을 먹으며 일을 할 수 있는 점에서 유럽인들보다 우월하다는 것을 증명했다. 우리는 극지역에서 털 달린 상의와 장갑을 제외하고 일본의 겨울철에 입는 보통 옷을 입었다. 항해 중 매일 우리의 식단은 1kg 정도의 빵, 비스킷, 통조림 정도였으며, 상륙 시에는 식량을 반으로 줄였다. 대원들은 그 정도의 의복과 식량으로 어떤 힘든 일도 할 수 있을 정도로 효율적이었다. 바로 이 점이 내가 말하는 "일본인들도 다른 나라 사람들과 견주어 어떤 어려움도 극복할 수 있다"라는 점을 증명하고 있다.

    결론적으로 나는 우리 남극 탐험이 어떤 가치가 있으며 얼마나 경제성이 있는지를 숫자로 추정하는 것은 불가능하기도 하지만, 적절치 않다고 말하고 싶다. 그런 면에서 평가했던 사람들은 우리를 강하게 비난했었다. 나와 '남극 선구자'호 대원들은 이러한 부적절하고 일부 악의적 평가들을 무시하고 인류 보편적 평가를 기다릴 것이다. 우리는 그 당시 상황에서 최선을 다했다는 것을 믿어 의심치 않는다. 한편 우리 극지 탐험대는 일본인의 가슴속에 숨은 불씨에 불을 지폈고, 우리의 탐험 정신과 열망으로 인해 이미 많은 이들이 탐험에 도전하고 있다. 진정 나는 망설이지 않고 말하겠다. 만약 정복해야 할 극점이 남아 있다면 일본인이 처음으로 도달하게 될 것이며, 그들은 '남극 선구자'호 대원들이 받았던 것보다 훨씬 적극적인 국민적 지원을 받게 될 것이다.

우리나라 극지 연구가 나아가야 할 길, '과학으로 극지에 진출하자!'*

인류 역사 이래 현재까지 남북극은 불모의 지역이었다. 북극은 바다 한가운데 뜬 얼음덩어리가, 남극은 만년설로 뒤덮인, 지구상에서 가장 추운 대륙이 버티고 있었기 때문이다. 그러나 겉으로 보이는 것과 달리 극지는 엄청난 가능성을 지닌 곳이다. 오랜 시간 인간의 손길이 닿지 않은 곳이라 많은 자원이 있을 뿐 아니라 배가 다닐 수만 있다면 유라시아와 아메리카를 손쉽게 연결하는 항로를 제공하기 때문이다.

그래서 주요 선진국들은 생존이 곤란한 지역임에도 극지 연

* 《해양과학기술》 2013, Vol. 8.

구에 많은 투자를 하고 있다. 우리나라 역시 1980년대부터 극지 진출에 적극적으로 참여하기 시작했다. 주목할 점은 정치적 상황의 차이로 남극과 북극 연구에는 서로 다른 접근이 필요하다는 사실이다.

남극은 남극조약에 의거하여 모든 국가에게 과학 연구를 위한 자유로운 접근이 허용된다. 다만 남극의 생태계와 환경을 보존한다는 취지하에 광물 자원 개발은 전면 금지하며, 수산 자원은 일정한 규제를 두고 개발을 허용하고 있다. 반면 북극은 실질적으로 바다이기 때문에 대부분이 북극권 국가들의 영해와 배타적 경제수역EEZ: Exclusive Economic Zone으로 구성된다. 따라서 북극권 국가들 이외에는 접근이나 개발이 실질적으로 불가능한 상황이지만 급격한 온난화에 따른 항로 개발, 자원 개발의 가능성이 커졌으며 이에 수반되는 국제적 협의가 요구되고 있다.

남극 연구의 새로운 전기를 마련할 장보고기지

우리나라는 1986년 남극조약에 가입하고 1988년 킹조지섬에 세종과학기지를 건설함으로써 연구를 통한 남극 진출에 시동을 걸었다. 그 후 지난 25년간 남극 기지를 모범적으로 운영하고 지속적인 연구 활동을 함으로써 남극 연구 국가로서의 위상을 강화해 왔다.

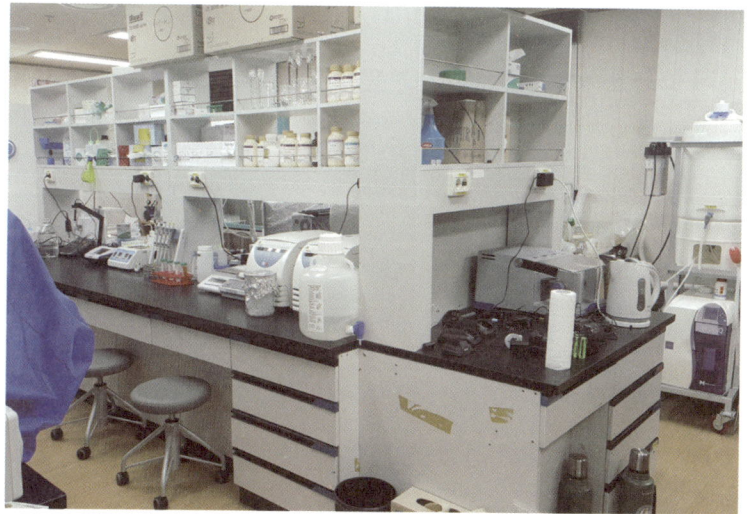

- 2014년 건설된 장보고기지는 남극에서 가장 뛰어난 시설과 첨단 장비를 갖춘 기지다. 왼쪽 장보고기지 외관(위), 통신실(아래), 오른쪽 대기연구실(위), 생물연구실(아래).

세종기지는 비교적 저위도인 남위 62°에 위치하여 보급 수송이 용이하고 다소 온화한 기후로 생물 연구 등에 강점이 있다. 그러나 극지 연구의 핵심인 대륙 빙하로의 접근이 불가능한 한계가 있어 본격적인 남극 연구를 위해 제2기지 건설이 필요했다. 이에 따라 2002년 국가과학기술위원회는 남극대륙에 제2기지를 건설하기로 하고 쇄빙 연구선 건조를 포함하여 '극지 과학기술 개발 계획'을 확정하였다. 이 계획을 근거로 극지연구소는 2005년부터 남극대륙 기지 기획 연구를 시작하여 2009년 쇄빙 연구선 아라온호를 건조했다. 이와 함께 기지 건설을 위한 국제적인 승인 절차도 완료했다. 2010년 남극조약 협의 당사국 회의ATCM에 기지 건설 의향서를 제출하고, 2011년 회의에 '포괄적 환경 영향 평가서CEE' 초안을 제출하여 남극조약 참가국들의 의견을 수렴한 후, 2012년 회의에서 최종 CEE를 제출하여 기지 건설을 위한 국제적 협의 절차를 모두 마쳤다.

장보고기지는 남위 74°, 남극 로스해 테라노바만의 연면적 4,400m²에 달하는 부지에 건설된다. 기지에는 연구동과 생활동이 들어서며 겨울철 15명, 여름철 최대 60명을 수용할 수 있다. 최근에 건설하는 연구 시설인 만큼, 장보고기지 건설에는 최신 기술이 적용된다. 모듈 방식을 채택하여 건설 기간을 단축하고, 친환경 자재와 신재생에너지를 적극적으로 사용하는 한편 에너지 효율을 극대화하도록 설계되어 '청정 기지'로 손색이 없다.

이후 실제 공사에 들어가 2012~2013년 시즌 1단계 장보고기지 건설 공사를 성공적으로 완료하고 2013년 10월 말부터 2단계 건설을 시작했다. 최종 완공은 2014년 3월로 예상하고 있으며, 기지가 가동하기 시작하면 이 지역에서 반경 350km 내에 존재하는 유일한 상설 기지로서 우주, 대기, 지질, 지구물리, 연안 생태 등의 분야에서 중요한 관측 자료를 제공하게 될 것이다.

남극에서 건져 올릴 성과

장보고기지가 위치한 북빅토리아랜드에는 남극 횡단 산맥을 따라 고생대 및 중생대의 지층이 빙하에 노출되어 방대하게 분포한다. 이 중에는 고생대 석탄층도 있는데, 단일 탄전으로는 세계 최대 규모에 달한다. 따라서 육상 지질을 연구하기에는 최적의 여건이며 화산 활동과 지진 등 지구물리 연구에서도 매우 흥미로운 성과를 낼 것으로 기대된다. 주변 200km 내에 운석 노출지가 있어 운석 수집을 위한 탐사 활동이 이미 진행 중이다.

바다에도 굵직한 연구 과제들이 산재해 있다. 최근 테라노바만 인근의 로스해에서 형성되는 저층 해류의 형성 속도가 변화하고 있는 것으로 밝혀졌는데, 이러한 변화가 해류 순환과 기후의 변화에 어떤 영향을 주는지 주목받고 있다. 또한 테라노바만은 폴리니아polynya(빙붕 또는 해빙 사이에 바닷물이 노출된 곳)가 생성되는 지역

- 장보고기지 주변에서 발견된 규화목으로부터 과거 지질 시대 이곳이 열대우림 지역이었다는 것을 알 수 있다(위). 과거 기후변화를 연구하기 위해 남극 빙하를 시추하고 있다(아래).

이므로 이들의 계절적 변화와 연안 생태계에 미치는 영향을 모니터링하여 지구환경 변화와 생태계의 관계도 연구할 수 있다.

기존 세종기지와의 협력 연구도 기대를 모으고 있다. 장보고기지가 건설되면 쇄빙 연구선 아라온호를 활용해서 세종기지, 장보고기지를 잇는 서남극 관측 네트워크 West Antarctic Observatory Network가 형성된다. 두 기지에서 얻은 데이터를 바탕으로 현재 남극에서 가장 온난화 효과가 빠르게 진행되고 있는 지역의 환경과 해양 생태계 변화를 알아낼 수 있을 것이다.

특히 그간 연중 해빙의 영향으로 연구가 이루어지지 못했던 아문센해 해양 연구 등은 국제적 관심을 모으고 있다. 이와 함께 장보고기지 주변에 존재하는 캠벨, 프리스틀리, 난센, 데이비드 빙하들은 지속적으로 바다로 흘러들어 빙산으로 떨어져 나가므로 남극 빙하 증감에 대한 직접적인 단서를 제공할 것이다.

남극 내륙으로 진출, 외교적 노력 병행해야

남극 연구의 하이라이트는 궁극적으로 동남극 빙원으로 진출하여 두께 4,000m 이상의 빙하를 굴착하는 것이다. 남극 빙하를 이루는 얼음덩어리 속에는 오래전에 만들어진 공기 기포가 있어 이를 분석하면 과거 100만 년 동안의 기온과 대기 성분 변화를 정확하게 알 수 있다. 또한 두꺼운 남극 빙상 밑에는 대규모 호수가 여럿 있는데, 극한 환경인 호수에 존재할지도 모르는 원시 생명체에도 관심이 집중되고 있다.

그러나 상시적인 내륙 탐사는 쉽지 않다. 현재 대륙 내부에서 운영되는 월동 기지는 미국 기지, 러시아 기지, 프랑스와 이탈리아의 공동 기지 세 곳뿐이다. 월동은 불가능하지만 일본은 내륙에 빙하 시추를 위한 하계 기지 '후지'를 보유하고 있으며 중국도 2009년 내륙에 빙하 시추를 위해 '곤륜' 기지를 건설했다.

우리나라가 대륙 내부로 진출하기 위해서는 우선 장보고기지가 있는 테라노바만에서 남극 횡단 산맥을 넘어 동남극 빙상 고원으로 오르는 코리안 루트를 확보해야 한다. 대륙 내부에 관측과 빙하 시추에 유리한 장소가 확보되면 이곳에 제3기지를 건설하기 위해 1,000km 이상의 빙상 보급로가 코리안 루트를 따라 개설될 것이다. 빙상 보급로를 개척하기 위한 전문 인력을 확보하고 극한지 운송 장비, 연료, 보급 물자, 통신, 안전, 비상 대책 등에서의 내륙 탐사 시스템을 구성하려면 다년간의 준비와 경험, 정책적 뒷받침이 필요하다.

연구 활동과 아울러 남극 관련 국제기구를 통한 외교적 노력도 병행되어야 한다. 남극 연구 활동을 지속적으로 확대하여 지구 환경 변화 등 전 지구적 문제 해결에 적극적으로 참여하려는 우리나라의 의지를 대외적으로 알리고 남극 국가로서 위상을 높여야 한다. 남극해양생물자원보존협약CCAMLR에도 적극적으로 참여해 단순 남빙양 조업국이라는 이미지를 벗어나 지속 가능한 조업을 위한 수사 생물 자원 조사 및 관리 국가로의 변신이 요망된다.

눈앞에 다가온 북극권 개발

지구환경 변화로 가장 큰 정치적 변화를 겪는 곳 중 하나는 북극이다. 북극해의 해빙이 지속적으로 감소하여 북극권을 실질적으로 이용할 수 있는 길이 열린 것이다. 이미 여러 나라가 북극권을 경유하는 해운 항로, 항공 항로뿐 아니라 석유 가스 자원, 수산 자원 개발을 노리고 관련 인프라 건설의 가능성을 구체적으로 모색하고 있다.

그러나 북극은 남극과 달리 '주인'이 있는 곳이 대부분이다. 북극해는 중앙부를 제외하고 경제적으로 관심을 모으는 지역 대부분이 주변 국가들의 배타적 경제 수역EEZ에 속한다. 따라서 북극권 국가가 아닌 우리나라는 단독적인 접근이나 개발이 불가능하다. 이 때문에 우리나라가 북극권 연구와 개발에 참여하려면 기술과 경험을 갖춘 북극권 이해 당사국으로 국제적 인정을 받아야 하며, 이를 통해 추후 북극해 자원을 개발하기 위한 국제 공동 노력에 참여할 수 있을 것이다. 특히 북극해 연안의 절반과 시베리아의 방대한 미개발 영토를 갖고 있는 러시아와의 협력이 무엇보다 필요하다.

우리나라의 북극 연구는 2002년 국제북극과학위원회IASC 가입과 동시에 스발바르제도에 다산기지를 설치함으로써 시작되었

● 우리나라는 북극권 국가 간 기구인 북극이사회에 영구 옵서버로 참여하고 있다. 사진은 노르웨이에서 개최된 북극이사회 고위급 장관 회의.

다. 북극 다산기지의 설치로 우리나라는 명실공히 양극을 연구하는 극지 국가로서 면모를 갖추었다. 이후 러시아와의 바렌츠·카라 해 공동 해양 조사, 한·러·일 공동 오호츠크해 가스 수화물 탐사를 거쳐 2010년부터는 매년 아라온호를 사용한 해빙 관측, 고기후 및 해양 특성 조사 등을 수행해왔으며, 2013년에는 캐나다와 보퍼트 해 가스수화물 탐사를 성공적으로 수행했다. 이러한 활동을 근거로 우리나라는 2012년 스발바르 조약 가입과 함께 2013년에는 북극이사회 영구 옵서버 자격을 얻을 수 있었다.

북극이사회 Arctic Council는 1996년 오타와 선언을 계기로 북극의 지속 가능한 개발과 환경 보호를 목적으로 설립된 정부 간 기구로서, 미국·캐나다·러시아·덴마크(그린란드)·노르웨이 5개 북극 연안국과 스웨덴·핀란드·아이슬란드 북극권 국가 3개국, 원주민 6개 기구가 정회원이다. 이외에도 우리나라를 포함한 비북극권 12개국(한국·중국·일본·싱가포르·인도·영국·프랑스·독일·이탈리아·네덜란드·폴란드·스페인)이 영구 옵서버로 가입되어 있다.

북극 연구개발의 핵심, 국제적 협력

북극이사회는 실질적으로 북극권 8개국들의 폐쇄적 기구로 장차 EEZ 경제 획정 등 이들 국가 간의 문제 해결을 위해 활용될 예정이다. 따라서 북극에 대한 범국가적 국제 관리 기구로서의 역할은 제한적일 것이다. 특히 북극 거버넌스와 관련되어 비북극권 국가들이 요망하는 남극조약과 같은 유형의 거버넌스 체제로 발전하기는 어려워 보인다.

그러함에도 북극이사회는 현재 유일한 북극 관련 정부 간 기구이므로 앞으로 우리의 적극적인 참여가 필요하다. 특히 위원회 산하의 전문 워킹 그룹에 참여해 향후 북극 문제의 진전 방향을 조기에 파악하고 이해 당사국으로서 우리의 국제적 입지를 강화해야 한다.

우리나라는 지금까지 적극적인 북극 연구를 통해 비북극권

● 아라온호의 국내 기항에 맞추어 주한 북극 관련국 대사들을 초청하여 우리의 극지 연구 활동을 적극 소개한 바 있다.

국가로서는 북극 개발에 성공적인 입지를 구축해왔다. 향후 다자간 혹은 양자 간 국제 공동 연구를 더욱 활성화하여 확고한 위치를 차지해야 한다. 아라온호를 이용한 북극해 해양 탐사는 북극에서 우리의 입지를 세우는 데 핵심적 역할을 하고 있다. 현재 아라온호는 남북극 연구를 위한 운항 일수가 연중 310일에 달하며 향후 지속적으로 수요가 늘어날 것으로 예상되므로 북극해 연구 확대와 북극해 항로 개발에 대비한 북극 전용 제2쇄빙선 건조가 조속히 추진되어야 한다. 이러한 과학적 위상 강화를 바탕으로 삼아야 비로소 실리적 국가 이익을 창출할 수 있는 비즈니스 모델 개발도 가능할 것이다.

극지 시대를 맞아 우리가 할 일은 많지만 준비된 것은 많지 않다. 다행히 남극에서는 코리아 루트 개발의 단초가 놓였고 북극에서는 다양한 연구에 참여하고 있지만 경쟁국에 비해 다소 부족한 감이 있다. 앞으로 연구 활동 지원을 위한 '하드웨어'와 국제협력에 필요한 '소프트웨어'도 함께 갖추어 우리의 입지를 강화해야 한다. 기회는 준비하는 자에게 찾아오기 때문이다.

극지 연구가
지니는 의미*

1820년 남극대륙의 존재가 인간에 처음 알려진 이후 남극 반도 주변 바다는 고래와 물개 사냥터가 됐다. 내륙으로의 탐험은 극히 제한적으로 이뤄지다가 20세기에 들어서야 대륙 내부로의 남극 탐험이 시작됐다. 그 이후 아문센·스콧과 같은 영웅적 탐험가의 남극점 정복이 이뤄진 뒤 1·2차 세계대전을 거치면서 남극에 대한 영토권을 주장하는 국가가 생겨났다. 또한 세계대전을 치르면서 비약적으로 발전한 군사 기술을 통해 남극 탐사가 이뤄졌다.

1957~1958년 '국제 지구물리의 해'를 계기로 남극은 미지의

• 《국제신문》 2016년 2월 22일.

탐사 대상에서 과학 연구의 대상으로 개념이 바뀌었다. 북극은 미소 냉전의 그늘에 가려져 군사적인 이유로 민간에 개방되지 않았다. 그러다가 구소련 말기인 1987년 고르바초프의 무르만스크 선언을 계기로 러시아 북극권의 개방이 이뤄졌다. 무르만스크 선언의 주요 내용은 북극의 비핵지대화, 자원 이용을 위한 협력, 과학 조사와 환경 보호의 공동 노력 및 북극해 항로 개발이다. 그리고 1990년에 들어와서야 선진국을 중심으로 북극해에 관한 과학적 연구가 활발해졌다.

인류 과학기술의 발전과 함께 과학 연구가 진행되면서 극지는 얼음으로 덮인 불모의 땅이 아니라는 사실이 알려졌다. 남극에 막대한 광물 자원과 수산 자원 부존賦存 가능성이 제기됐다. 남극해에서 잡을 수 있는 크릴의 양은 연간 2억 톤으로 추산된다. 이는 현재 세계 총어획량의 배가 넘는 양으로, 차세대 인류의 식량 문제에 대한 유일한 해결책일지도 모른다. 과학기술의 발전과 함께 특히 남극 대륙붕 석유 자원의 개발이 가능해지면서 향후 50년간 개발을 금지하는 남극조약으로 채택된 바 있다.

북극권에서는 현재 러시아 석유와 천연가스의 70% 이상이 나오고 있으며, 북극해에서 해상 석유도 생산되고 있다. 최근 급격한 온난화로 북극해의 빙하가 감소하면서 북극해 항로 개발이 활발해졌다. 모든 중요한 공업 지역은 북극에서 6,000km 이내에 있으므로 향후 북극해를 통한 국제 물류 수송은 시베리아 개발과 연계

돼 경제성이 클 것으로 보인다.

극지는 지구환경 변화의 바로미터여서 그 중요성을 지닌다. 지구환경 변화 중 특히 기구온난화와 관련해 남극과 북극이 언론에 자주 등장하고 있다. 지구가 따뜻해져서 얼음이 녹아 해수면이 높아진다느니, 북극점에서 얼음이 아닌 바다를 보았다느니 하는 뉴스다. 이런 뉴스는 진위와 무관하게 국제적으로 극지 연구가 활발하다는 뜻이다. 그럼 왜 선진국은 극지 연구에 많은 투자를 하고 있을까? 남극은 지구상에서 가장 깨끗한 지역이다. 산업 지역에서 가장 멀리 떨어져 있고 사람도 살지 않는다. 따라서 외부로부터의 조그마한 환경오염에도 민감하게 반응하며, 한 번 오염되면 회복이 거의 불가능하다. 북극 또한 전 세계 공업 생산의 80%가 북위 30도 이북 지역에서 이루어지는 점을 감안할 때 오염에 의한 환경 변화를 감시하기에 가장 적합한 지역이다.

최근 연구 결과에서 북극 지역이 지구의 기상, 기후, 해류 순환 등 환경에 커다란 역할을 하고 있음이 밝혀지면서 주목받고 있다. 이처럼 극지는 향후 지구환경 변화를 예측하는 데 매우 중요하다. 미래의 급격한 기후변화에 따른 피해를 줄일 수 있는 유일한 길은 정확한 예측을 통한 장기적인 대책 수립뿐이다.

아직 극지 연구는 자원 개발이나 활용보다는 기초과학 부문에 더 가치를 두고 있다. 극지 연구도 다른 기초과학과 마찬가지로 그 결과가 단기간에 나타나지 않아 주목받지 못했다. 극지 연구와

● 러시아가 헐값에 알래스카를 팔아버린 것 같은 실수를 해서는 안 된다. 사진은 1867년 러시아가 알래스카를 매각한 후 미국으로부터 받은 720만 달러짜리 수표.

같은 기초 분야에 민간 투자를 기대하기는 어렵다. 이에 따라 정부를 중심으로 공익성이 기대되는 극지 연구 분야에 장기적으로 투자할 필요가 있다. 머지않아 극지는 기초과학 연구에서 자원 개발의 대상으로 바뀔 것이다.

미국은 1867년 알래스카를 러시아로부터 불과 720만 달러에 사들였다. 그 당시 이를 추진한 미국 윌리엄 수어드 국무장관은 국회와 주변으로부터 얼음덩어리의 불모지를 거금에 사들이려고 바보짓을 한다는 비난을 감수해야 했다. 그러나 미래를 보고 투자한 얼음덩어리 땅에서 100년이 지난 1968년 이후 하루 약 150만 배럴의 석유가 생산되고 있으며, 미국 석탄 매장량의 50%도 알래스카에 있다. 남극과 북극이 우리에게 미래의 알래스카가 되지 않으리라고 누가 장담할 수 있을까? 또 이러한 미래에 대한 투자를 뒤로 미룬다면 알래스카를 단돈 몇 푼에 팔아넘긴 러시아와 똑같은 실수를 우리가 되풀이하는 것은 아닐까.

남극이 지구에
보내는 경고*

    남극이 지구의 기후변화에 대해 우려와 경고를 보내고 있다. 해양의 산성화가 촉진되고 지구 대기와 해양 순환 패턴이 변화하고 있다. 지구상 빙하의 지속적인 감소는 해수면 상승으로 이어져 인류에게 재앙이 될 수 있다. 남극조약 체제에서 유일한 비정부 간 국제기구로서 남극 과학을 연구하는 남극연구과학위원회SCAR는 최근 "남극 기후변화의 심각성이 지구환경에 영향을 미치고 있다"라며 긴급 대책의 필요성을 역설했다. 현재 속도로 기후변화가 진행되면, 인간은 이런 변화에 적응하기 어려울 것이라는 게 SCAR

* 《한국경제》 2022년 7월 30일.

● 인류의 미래를 향한 남극으로부터의 경고와 구조 신호에 주목해야 한다.

측 주장이다.

　남극은 호주 대륙의 두 배에 달하는 거대한 대륙이다. 남빙양과 합하면 지구 전체 면적의 약 7%를 차지하기 때문에 지구 시스템에서 차지하는 비중이 크다. 다른 대륙으로부터 떨어져 있지만 저위도 지역과 대기와 해양을 통해 끊임없이 상호작용하고 있으므로 지구 기후를 알기 위해서는 남극과 남빙양을 이해해야 한다.

　남극은 미래 지구 변화를 가늠할 수 있는 리트머스 시험지라고 말하고 싶다. 남극에서는 지구 평균보다 두 배 이상 빠르게 온난화가 진행되고 있다. 지구상 빙하의 지속적인 감소는 해수면 상승으로 이어진다. 만약 남극 빙상이 전부 녹는다면 해수면은 지금보다 60m 이상 상승할 것으로 예측된다. 이는 세계 해안 지역에 거주하는 약 40%의 인류에게 엄청난 재앙이 될 수 있다. 남극의 빙상이 녹아 바다로 대량 유입되면 주변 해수의 온도와 염도의 변화로 인해 해류 순환이 교란된다. 이는 저위도와 고위도 사이에 에너지 순환을 방해하기 때문에 위도와 고위도 간에 기후 양극화가 발생한다. 홍수, 가뭄, 혹서, 혹한 등 극단적 기후 현상이 빈번해질 가능성이 있다. 지구 생태계의 교란과 종 다양성도 감소시킨다.

　남극은 유엔과는 별개로 1959년 체결된 남극조약에 의해 국제적으로 관리되고 있다. 남극조약의 주요 관심사는 남극의 환경 보호와 과학 연구에 맞춰져 있다. 총 54개국이 가입돼 있으며, 한국은 1986년 가입해 1989년 투표권을 갖는 협의 당사국 지위를 얻었다. 인류는 2015년 파리 협정을 체결했다. 기온 상승을 1.5도 이내로 억제하기 위해 온실가스 배출을 줄이는 데 합의했다. 우리나라는 2030년까지 2018년 대비 온실가스 배출을 40% 줄이겠다고 약속했다.

지구의 지속 가능한 미래는 남극과 남빙양에서의 국제적 공동 연구와 기후변화를 완화하고 적응하려는 전략적 접근을 통해 보장될 수 있다. 또 기후변화로 인해 발생할 국가 간 지정학적 분쟁이 남극 지역으로 옮겨와 남극조약 체제에 영향을 줄 가능성도 있다. 우리 정부와 극지 관련 연구기관들은 새로운 국제적 남극 관리 체제가 필요해질 수 있는 상황의 변화에도 주목해야 한다.

북극항로와
'글로벌 K-루트' 개발*

지구온난화와 북극 해빙 감소로 북극 개발이 가속화되면서, 북극을 중심으로 한 새로운 외교안보 전략이 필요하게 되었다. 러시아는 북극 시베리아 군사 시설을 확충하고 있으며, 이에 대해 미국과 캐나다도 북극 군사 역량을 키우고 있다. 중국은 '근近북극 국가'로서 북극에 개입할 권리가 있으며, 북극항로를 '일대일로'의 일부로 '빙상 실크로드'라는 개념을 제시하고 있다.

해빙 감소는 북극항로의 중요성을 부각시켰다. 전 세계 공업 생산의 80%는 북위 30도 이북 지역에서 이루어지고 있으며, 모든

* 《국제신문》 2025년 11월 20일.

중요한 공업 지역은 북극에서 6,000km 이내에 위치하고 있으므로 향후 북극해를 통한 국제간 물류 수송은 더욱 확대될 것으로 전망된다. 북극항로를 이용하면 현재 부산에서 유럽 최대의 무역항인 네덜란드 로테르담까지의 거리가 약 40% 단축된다.

북극권에는 방대한 양의 천연자원이 부존되어 있는데 현재 지구상 미개발된 천연가스 30%가 매장되어 있을 것으로 추정된다. 러시아 북극해에 접한 야말반도 하나만 봐도 영국의 절반 정도 면적에서 유럽 전체가 40년 이상 사용할 수 있는 양의 천연가스가 매장되어 있으며, 방대한 북극해 대륙붕에서도 많은 가스전이 발견되고 있다. 천연가스는 고효율 청정 에너지로서 현재 우리나라 1차 에너지의 소요의 20%를 점유하고 있으며 특히 발전소 연료의 30%를 차지하고 있는 중요한 에너지원이다. 우리나라는 발전소들의 연료를 석탄에서 천연가스로 바꾸어 나가고 있으며, 수소 경제로의 전환을 위해서도 수소 생산의 절반을 차지하는 천연가스의 수요가 크게 증가할 것은 분명하다.

장기적 관점에서 우크라이나 전쟁 이후 우리나라의 안정적인 천연가스 공급을 위한 수입선 다변화를 위해서도 러시아와의 협력은 매우 중요해질 것이다. 러시아와의 협력을 통한 북극 에너지 자원의 안정적 공급 등 전략적 접근이 필요한 이유다. 시베리아 지역 천연가스와 원유의 개발과 수송을 위한 쇄빙 탱커의 건조와 천연가스 액화 시설, 선적 터미널, 육상 기반 시설(대형 저유 시설, 펌프 시설, 통신 시스템, 응급 서비스 등)에 대한 투자가 지속적으로 증가할 것이다. 이런 모든 방대한 인프라 건설에 우리나라가 보유하고 있는 조선, 토목건설 및 플랜트 건조 기술을 적극 활용한다면 에너지 자원의 안정적 공급원 확보와 건설 플랜트 산업 신시장 개척에 크게 기여하게 될 것으로 전망된다.

현재 우리 정부도 북극항로의 중요성을 인식하고 북극항로 개발을 주요 국정과제로 선정했다. 항로 활성화와 물동량 증가에 대비한 쇄빙선 건조, 해기사 양성, 항만 시설 확대 등의 대책을 마련 중이다. 국회는 북극항로 해상 물류를 주도하기 위한 대통령 직속 범부처 간 '북극항로위원회'를 설치하는 북극항로 특별법을 준비 중이다. 그러나 북극항로를 통한 유럽과의 해상 물류는 중간에 환적항이 없기 때문에 당장 경제성이 크지 않다. 따라서 북극항로 개발은 단순히 우리나라에서 유럽으로 가는 물류가 아니라 북극해 천연가스 공급이라는 에너지 안보 차원에서 접근해야 할 것이다. 국가 에너지 전략은 경제·안보·환경·기술·사회와 더불어 국가 지속가능성과 경쟁력을 좌우하는 핵심 전략이다.

우리나라는 1999년부터 북극 과학 연구를 시작해 다산기지 설립, 북극이사회 참여, 아라온 연구 항해 등 적극적인 과학적 접근을 통해 현재 비영토 북극권 이해 당사국으로서의 확고한 위치를 차지하고 있다. 현재 건조 중인 차세대 쇄빙 연구선이 완성되면 향후 우리나라도 베링해에서 북극점을 지나 스발바르 다산기지로 이어지는 북극해 해상 K-루트를 만들 수 있게 된다. 북극해 해상 K-루트 개발은 북극 사회에서 우리의 국제적 위상을 더욱 높일 수 있는 상징이 될 것이다. 또한, 우리나라 극지연구소에서는 이미 10여 년 전부터 남극 장보고기지로 부터 내륙으로 1,300km 이상 진출해 제3의 내륙 기지를 건설하기 위한 육상 K-루트 개척 사업을 진행해왔다. 따라서 남극의 육상 K-루트와 북극의 해상 K-루트를 연결하는 글로벌 K-루트를 구성하는 방안도 추진해야 할 때이다. 이러한 과학적 위상을 바탕으로 적극적 과학 외교를 통해 실리적 국가 이익을 창출할 방안을 강구해야 한다.

한 극지 과학자의 회상
남극과 북극에 미래를 심다

1판 1쇄 인쇄 2025년 12월 2일
1판 1쇄 발행 2025년 12월 15일

지은이   김예동

펴낸이   최준석
펴낸곳   푸른나무출판(주)
주소   경기도 고양시 일산서구 강선로 49, 404호
전화   031-927-9279 팩스 02-2179-8103
출판신고번호   제2019-000061호 신고일자 2004년 4월 21일

ISBN   979-11-92853-10-9 03450

ⓒ 김예동, 2025

책값은 뒤표지에 있습니다.
잘못 만들어진 책은 구입하신 서점에서 교환해드립니다.

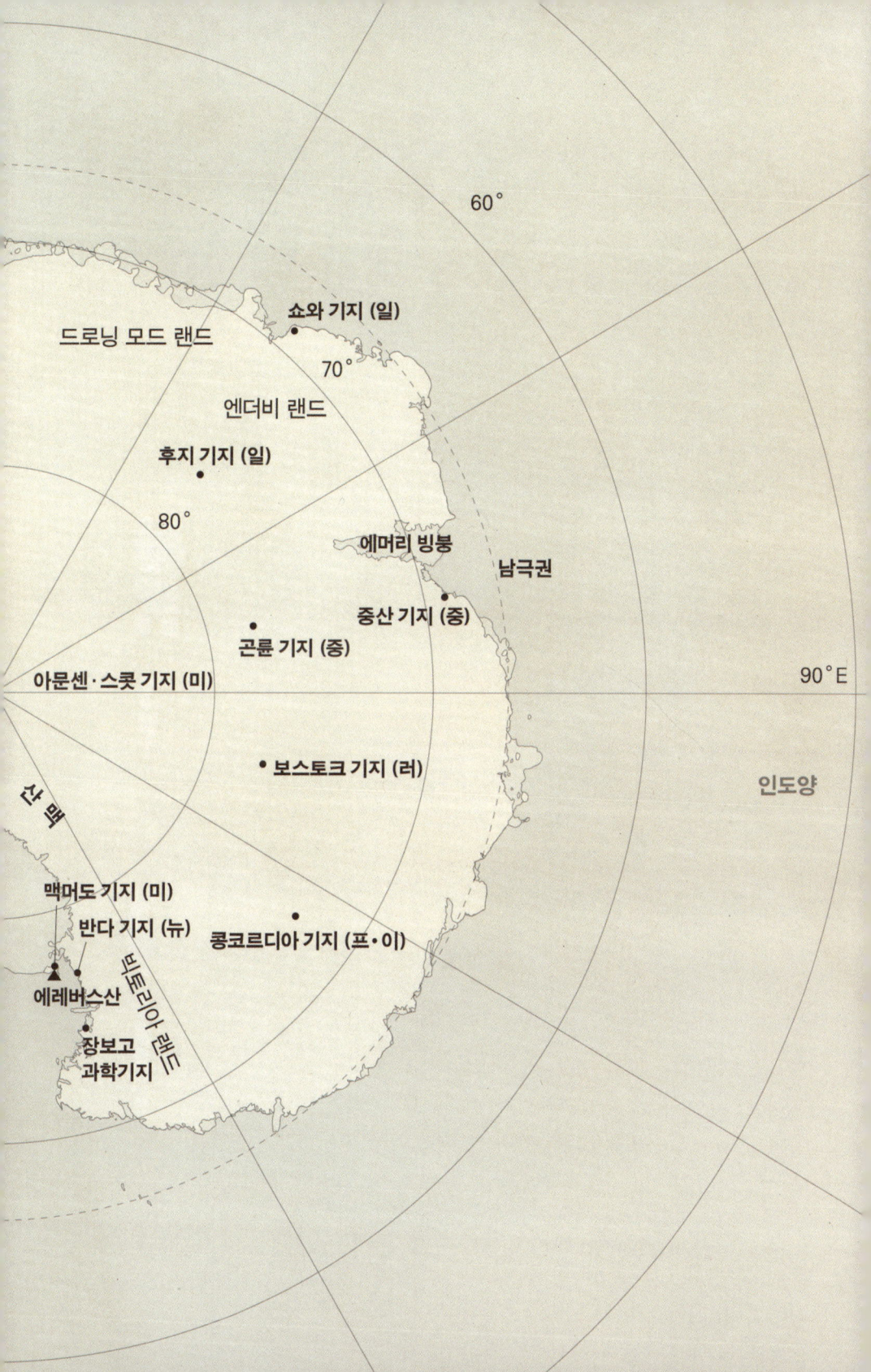